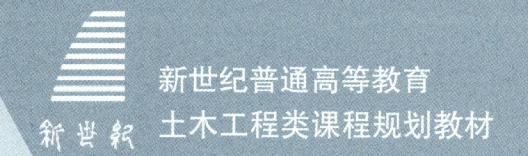

新世纪普通高等教育
土木工程类课程规划教材

园林工程概预算

主　编　李世姣　杨泞溪　李华东
副主编　黄　敏　卢　鹿　李一
　　　　刘　源

YUANLIN GONGCHENG GAIYUSUAN

大连理工大学出版社

图书在版编目(CIP)数据

园林工程概预算 / 李世姣,杨泞溪,李华东主编.
大连:大连理工大学出版社,2024.8(2024.8重印). -- ISBN 978-7-5685-5112-0

Ⅰ.TU986.3

中国国家版本馆 CIP 数据核字第 2024SE6967 号

大连理工大学出版社出版

地址:大连市软件园路 80 号　邮政编码:116023
发行:0411-84708842　邮购:0411-84708943　传真:0411-84701466
E-mail:dutp@dutp.cn　URL:https://www.dutp.cn

辽宁一诺广告印务有限公司印刷　　大连理工大学出版社发行

幅面尺寸:185mm×260mm　　印张:11.25　　字数:260千字
2024 年 8 月第 1 版　　　　　　　　　2024 年 8 月第 2 次印刷

责任编辑:王晓历　　　　　　　　　　责任校对:孙兴乐
　　　　　　　　　封面设计:对岸书影

ISBN 978-7-5685-5112-0　　　　　　　　　　　　　定　价:38.80 元

本书如有印装质量问题,请与我社发行部联系更换。

前言

随着建设工程计价领域逐步与世界接轨，我国计价模式的改革逐渐深入，工程造价计价理论与方法也日臻成熟。建筑土木行业新时代的到来，对工程造价人员在工程造价计量与计价知识的深度和广度方面有了质的要求。为了培养一批在建设工程造价领域具有一定知识广度和较强执业能力的高素质专门人才，编者编写了本教材。

工程概预算的准确性主要取决于两个核心因素：一是工程量，二是工程单价。这两个因素在计算概预算过程中起着至关重要的作用，二者缺一不可。清单工程量的计量与计价是工程造价管理中极其重要的基础工作，无论是工程估算、设计概算、施工图预算、竣工结算及工程决算，都无一不和工程计量与计价密切相关。

本教材以园林工程相关知识为基础，《建设工程工程量清单计价规范》(GB 50500—2013)为主要依据，结合《四川省建设工程工程量清单计价定额》(2020版)，详细阐述了园林工程概预算的理论与方法。全书主要内容包括园林绿化工程概预算基础，园林绿化工程工程量清单计价总述，园林绿化工程计价定额，绿化工程计量与计价，园路、园桥工程计量与计价，园林景观工程计量与计价，园林绿化措施项目工程计量与计价，综合案例分析。

本教材结合工程造价行业的特点及发展趋势编写，细致地讲解了园林绿化工程计量与计价的理论知识，同时结合工程案例详细讲解。本教材最大的特点在于结合工程实例编写，重点在于提高学习者园林工程概预算的实际编制能力，对初步学习园林工程概预算的人员大有裨益。目前很多普通院校都已经开设了"园林工程概预算"课程，本教材特别适合作为本专科院校园林工程概预算初学者的教材使用。

本教材由成都艺术职业大学李世姣、西华大学杨泞溪、李华东任主编，成都艺术职业大学黄敏、卢鹿、李一、刘源任副主编。具体编写分工如下：李世姣负责编写3.2、6.5～6.8、7.4～7.6，杨泞溪负责编写第5章、6.1～6.4、7.1～7.3、第8章，李华东负责编写3.1、第4章，黄敏负责编写1.1～1.2，卢鹿负责编写2.1，李一负责编写1.3，刘源负责编写2.2。全书由李世姣、杨泞溪、李华东统稿。本教材编写过程吸收了部分造价领域的前沿研究成果，同时参考了有关专家、学者的论著、文献、教材，在此表示由衷的感谢。感谢永信嘉业建设咨询有限公司张义提供了第8章的部分案例，尤其感谢成都艺术职业大学的相关领导、专家、学者，西华大学建筑与土木工程学院的相关领导、专家、学者及西南交通大学峨眉校区原土木系的相关领导、专家、学者，永信嘉业建设咨询有限公司的领导、专家提供的支持和帮助。

在编写本教材的过程中，编者参考、引用和改编了国内外出版物中的相关资料及网络资源，在此表示深深的谢意！相关著作权人看到本教材后，请与出版社联系，出版社将按照相关法律的规定支付稿酬。

限于水平，书中仍有疏漏和不妥之处，敬请各位专家和读者批评指正，以使教材日臻完善。

编　者

2024 年 8 月

所有意见和建议请发往：dutpbk@163.com
欢迎访问高教数字化服务平台：https://www.dutp.cn/hep/
联系电话：0411-84708445　84708462

目录

- 第1章 园林绿化工程概预算基础 ... 1
  - 1.1 园林绿化概预算概述 ... 1
  - 1.2 园林绿化工程概预算概述 ... 7
  - 1.3 园林绿化工程概预算编制简介 ... 9
- 第2章 园林绿化工程工程量清单计价总述 ... 14
  - 2.1 园林绿化工程工程量清单编制概述 ... 14
  - 2.2 园林绿化工程工程量清单计价简介 ... 17
- 第3章 园林绿化工程计价定额 ... 20
  - 3.1 园林工程计价定额概述 ... 20
  - 3.2 《四川省园林绿化工程计价定额》简介 ... 20
- 第4章 绿化工程计量与计价 ... 28
  - 4.1 绿化工程概述 ... 28
  - 4.2 绿地整理 ... 32
  - 4.3 栽植花木 ... 40
  - 4.4 绿地灌溉 ... 64
- 第5章 园路、园桥工程计量与计价 ... 68
  - 5.1 园路、园桥工程概述 ... 68
  - 5.2 园路、园桥 ... 69
  - 5.3 驳岸、护岸 ... 93
- 第6章 园林景观工程计量与计价 ... 99
  - 6.1 园林景观工程概述 ... 99
  - 6.2 堆塑假山 ... 101
  - 6.3 原木、竹构件 ... 107
  - 6.4 亭廊屋面 ... 109
  - 6.5 花 架 ... 113
  - 6.6 园林桌椅 ... 116

  6.7　喷泉安装 ……………………………………………………………………… 119
  6.8　杂　项 ………………………………………………………………………… 121

第 7 章　园林绿化措施项目工程计量与计价 ………………………………………… 135
  7.1　园林绿化措施项目概述 ……………………………………………………… 135
  7.2　脚手架工程 …………………………………………………………………… 136
  7.3　模板工程 ……………………………………………………………………… 140
  7.4　树木支撑架、草绳绕树干工程 ……………………………………………… 144
  7.5　围堰、排水工程 ……………………………………………………………… 149
  7.6　安全文明施工及其他措施项目 ……………………………………………… 151

第 8 章　综合案例分析 ………………………………………………………………… 156

第 1 章
园林绿化工程概预算基础

1.1 园林绿化概预算概述

1.1.1 工程造价含义及其组成

工程造价的含义有两种:第一种含义(业主角度)是指进行某项工程建设花费的全部费用。第二种含义(承包者角度)是为建成一项工程,预计或实际在土地市场、设备市场、技术劳务市场及承包市场等交易活动中所形成的建筑安装工程价格和建设工程总价格。

在我国建设工程造价费用按其性质不同,包括:建筑安装工程费;设备及工器具购置费;工程建设其他费;预备费;建设期投资贷款利息(表 1-1)。

表 1-1 工程造价构成

		费用
固定资产投资（工程造价）	建筑安装工程费	(1)人工费 (2)材料费 (3)施工机具使用费 (4)企业管理费 (5)利润 (6)规费 (7)税金
	设备及工器具购置费	(1)设备购置费 (2)工具、器具及生产家具购置费
	工程建设其他费	(1)土地使用费 (2)与建设项目有关的其他费用 (3)与未来企业经营有关的费用
	预备费	(1)基本预备费 (2)价差预备费
	建设期投资贷款利息	

1.1.2 建筑安装工程费

建筑安装工程费按照费用构成要素划分:由人工费、材料(包含工程设备,下同)费、施工机具使用费、企业管理费、利润、规费和税金组成。其中人工费、材料费、施工机具使用费、企业管理费和利润包含在分部分项工程费、措施项目费、其他项目费中(图1-1)。

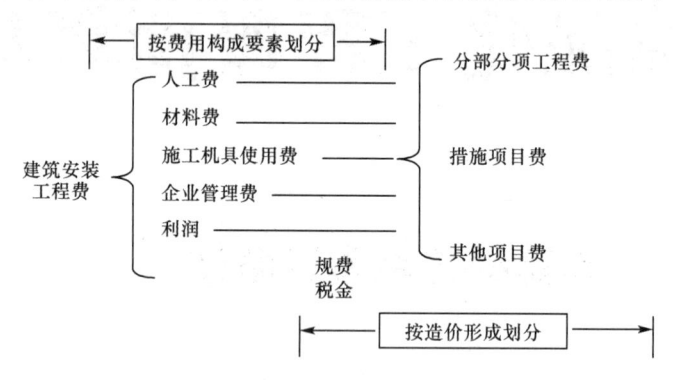

图1-1 建筑安装工程费的组成图

1. 建筑安装工程费用项目组成(按费用构成要素划分)

(1)人工费:是指按工资总额构成规定,支付给从事建筑安装工程施工的生产工人和附属生产单位工人的各项费用。内容包括:

①计时工资或计件工资:指按计时工资标准和工作时间或对已做工作按计件单价支付给个人的劳动报酬。

②奖金:指对超额劳动和增收节支支付给个人的劳动报酬。如节约奖、劳动竞赛奖等。

③津贴补贴:指为了补偿职工特殊或额外的劳动消耗和因其他特殊原因支付给个人的津贴,以及为了保证职工工资水平不受物价影响支付给个人的物价补贴。如流动施工津贴、特殊地区施工津贴、高温(寒)作业临时津贴、高空津贴等。

④加班加点工资:指按规定支付的在法定节假日工作的加班工资和在法定日工作时间外延时工作的加点工资。

⑤特殊情况下支付的工资:指根据国家法律、法规和政策规定,因病、工伤、产假、计划生育假、婚丧假、事假、探亲假、定期休假、停工学习、执行国家或社会义务等原因按计时工资标准或计时工资标准的一定比例支付的工资。

(2)材料费:指施工过程中耗费的原材料、辅助材料、构配件、零件、半成品或成品、工程设备的费用。内容包括:

①材料原价:指材料、工程设备的出厂价格或商家供应价格。

②运杂费:指材料、工程设备自来源地运至工地仓库或指定堆放地点所发生的全部费用。

③运输损耗费:指材料在运输装卸过程中不可避免的损耗。

④采购及保管费:指为组织采购、供应和保管材料、工程设备的过程中所需要的各项费用。包括采购费、仓储费、工地保管费、仓储损耗。

工程设备是指构成或计划构成永久工程一部分的机电设备、金属结构设备、仪器装置及其他类似的设备和装置。

(3)施工机具使用费:指施工作业所发生的施工机械、仪器仪表使用费或其租赁费。

①施工机械使用费:以施工机械台班耗用量乘以施工机械台班单价表示,施工机械台班单价应由下列七项费用组成:

a.折旧费:指施工机械在规定的使用年限内,陆续收回其原值的费用。

b.大修理费:指施工机械按规定的大修理间隔台班进行必要的大修理,以恢复其正常功能所需的费用。

c.经常修理费:指施工机械除大修理以外的各级保养和临时故障排除所需的费用。包括为保障机械正常运转所需替换设备与随机配备工具附具的摊销和维护费用,机械运转中日常保养所需润滑与擦拭的材料费用及机械停滞期间的维护和保养费用等。

d.安拆费及场外运费:安拆费指施工机械(大型机械除外)在现场进行安装与拆卸所需的人工、材料、机械和试运转费用及机械辅助设施的折旧、搭设、拆除等费用;场外运费指施工机械整体或分体自停放地点运至施工现场或由一施工地点运至另一施工地点的运输、装卸、辅助材料及架线等费用。

e.人工费:指机上司机(司炉)和其他操作人员的人工费。

f.燃料动力费:指施工机械在运转作业中所消耗的各种燃料及水、电等。

g.税费:指施工机械按照国家规定应缴纳的车船使用税、保险费及年检费等。

②仪器仪表使用费:是指工程施工所需使用的仪器仪表的摊销及维修费用。

(4)企业管理费:是指建筑安装企业组织施工生产和经营管理所需的费用。内容包括:

①管理人员工资:是指按规定支付给管理人员的计时工资、奖金、津贴补贴、加班加点工资及特殊情况下支付的工资等。

②办公费:是指企业管理办公用的文具、纸张、印刷、邮电、书报、办公软件、现场监控、会议、水电、烧水和集体取暖降温(包括现场临时宿舍取暖降温)等费用。

③差旅交通费:是指职工因公出差、调动工作的差旅费、住勤补助费、市内交通费和误餐补助费,职工探亲路费,劳动力招募费,职工退休、退职一次性路费,工伤人员就医路费,工地转移费及管理部门使用的交通工具的油料、燃料等费用。

④固定资产使用费:是指管理和试验部门及附属生产单位使用的属于固定资产的房屋、设备、仪器等的折旧、大修、维修或租赁费。

⑤工具用具使用费:是指企业施工生产和管理使用的不属于固定资产的工具、器具、家具、交通工具和检验、试验、测绘、消防用具等的购置、维修和摊销费。

⑥劳动保险和职工福利费:是指由企业支付的职工退职金、按规定支付给离休干部的经费,集体福利费、夏季防暑降温、冬季取暖补贴、上下班交通补贴等。

⑦劳动保护费:是企业按规定发放的劳动保护用品的支出。如工作服、手套、防暑降温饮料及在有碍身体健康的环境中施工的保健费用等。

⑧检验试验费:是指施工企业按照有关标准规定,对建筑及材料、构件和建筑安装物

进行一般鉴定、检查所发生的费用,包括自设试验室进行试验所耗用的材料等费用。不包括新结构、新材料的试验费,对构件做破坏性试验及其他特殊要求检验试验的费用和建设单位委托检测机构进行检测的费用,对此类检测发生的费用,由建设单位在工程建设其他费用中列支。但对施工企业提供的具有合格证明的材料进行检测不合格的,该检测费用由施工企业支付。

⑨工会经费:是指企业按《工会法》规定的全部职工工资总额比例计提的工会经费。

⑩职工教育经费:是指按职工工资总额的规定比例计提,企业为职工进行专业技术和职业技能培训,专业技术人员继续教育、职工职业技能鉴定、职业资格认定及根据需要对职工进行各类文化教育所发生的费用。

⑪财产保险费:是指施工管理用财产、车辆等的保险费用。

⑫财务费:是指企业为施工生产筹集资金或提供预付款担保、履约担保、职工工资支付担保等所发生的各种费用。

⑬税金:是指企业按规定缴纳的房产税、车船使用税、土地使用税、印花税等。

⑭其他:包括技术转让费、技术开发费、投标费、业务招待费、绿化费、广告费、公证费、法律顾问费、审计费、咨询费、保险费等。

⑮城市维护建设税、教育费附加及地方教育附加。

(5)利润:是指施工企业完成所承包工程获得的盈利。

(6)规费:是指按国家法律、法规规定,由省级政府和省级有关权力部门规定必须缴纳或计取的费用。具体包括:

①社会保险费。

a.养老保险费:是指企业按照规定标准为职工缴纳的基本养老保险费。

b.失业保险费:是指企业按照规定标准为职工缴纳的失业保险费。

c.医疗保险费:是指企业按照规定标准为职工缴纳的基本医疗保险费。

d.生育保险费:是指企业按照规定标准为职工缴纳的生育保险费。

e.工伤保险费:是指企业按照规定标准为职工缴纳的工伤保险费。

②住房公积金:是指企业按规定标准为职工缴纳的住房公积金。

③工程排污费:是指按规定缴纳的施工现场工程排污费。

其他应列而未列入的规费,按实际发生计取。

(7)税金:是指按国家税法规定的应计入建筑安装工程造价内的增值税、城市维护建设税、教育费附加及地方教育附加等。

2. 建筑安装工程费用项目组成(按造价形成划分)

建筑安装工程费按照工程造价形成由分部分项工程费、措施项目费、其他项目费、规费、税金组成,分部分项工程费、措施项目费、其他项目费包含人工费、材料费、施工机具使用费、企业管理费和利润。

(1)分部分项工程费:是指各专业工程的分部分项工程应予列支的各项费用。

①专业工程:是指按现行国家计量规范划分的房屋建筑与装饰工程、仿古建筑工程、通用安装工程、市政工程、园林绿化工程、矿山工程、构筑物工程、城市轨道交通工程、爆破

工程等各类工程。

②分部分项工程:指按现行国家计量规范对各专业工程划分的项目。如房屋建筑与装饰工程划分的土石方工程、地基处理与桩基工程、砌筑工程、钢筋及钢筋混凝土工程等。

各类专业工程的分部分项工程划分见现行国家或行业计量规范。

(2)措施项目费:是指为完成建设工程施工,发生于该工程施工前和施工过程中的技术、生活、安全、环境保护等方面的费用。内容包括:

①安全文明施工费

a.环境保护费:是指施工现场为达到环保部门要求所需要的各项费用。

b.文明施工费:是指施工现场文明施工所需要的各项费用。

c.安全施工费:是指施工现场安全施工所需要的各项费用。

d.临时设施费:是指施工企业为进行建设工程施工所必须搭设的生活和生产用的临时建筑物、构筑物和其他临时设施费用。包括临时设施的搭设、维修、拆除、清理费或摊销费等。

②夜间施工增加费:是指因夜间施工所发生的夜班补助费、夜间施工降效、夜间施工照明设备摊销及照明用电等费用。

③二次搬运费:是指因施工场地条件限制而发生的材料、构配件、半成品等一次运输不能到达堆放地点,必须进行二次或多次搬运所发生的费用。

④冬雨季施工增加费:是指在冬季或雨季施工需增加的临时设施、防滑、排除雨雪,人工及施工机械效率降低等费用。

⑤已完工程及设备保护费:是指竣工验收前,对已完工程及设备采取的必要保护措施所发生的费用。

⑥工程定位复测费:是指工程施工过程中进行全部施工测量放线和复测工作的费用。

⑦特殊地区施工增加费:是指工程在沙漠或其边缘地区、高海拔、高寒、原始森林等特殊地区施工增加的费用。

⑧大型机械设备进出场及安拆费:是指机械整体或分体自停放场地运至施工现场或由一个施工地点运至另一个施工地点,所发生的机械进出场运输及转移费用及机械在施工现场进行安装、拆卸所需的人工费、材料费、机械费、试运转费和安装所需的辅助设施的费用。

⑨脚手架工程费:是指施工需要的各种脚手架搭、拆、运输费用及脚手架购置费的摊销(或租赁)费用。

措施项目及其包含的内容详见各类专业工程的现行国家或行业计量规范。

(3)其他项目费:包括暂列金额、计日工、总承包服务费、暂估价等。

①暂列金额:是指建设单位在工程量清单中暂定并包括在工程合同价款中的一笔款项。用于施工合同签订时尚未确定或者不可预见的所需材料、工程设备、服务的采购,施工中可能发生的工程变更、合同约定调整因素出现时的工程价款调整及发生的索赔、现场签证确认等的费用。

②计日工:是指在施工过程中,施工企业完成建设单位提出的施工图纸以外的零星项

目或工作所需的费用。

③总承包服务费:是指总承包人为配合、协调建设单位进行的专业工程发包,对建设单位自行采购的材料、工程设备等进行保管及施工现场管理、竣工资料汇总整理等服务所需的费用。

④暂估价。

(4)规费:是指按国家法律、法规规定,由省级政府和省级有关权力部门规定必须缴纳或计取的费用。具体包括:

①社会保险费。

a. 养老保险费:是指企业按照规定标准为职工缴纳的基本养老保险费。

b. 失业保险费:是指企业按照规定标准为职工缴纳的失业保险费。

c. 医疗保险费:是指企业按照规定标准为职工缴纳的基本医疗保险费。

d. 生育保险费:是指企业按照规定标准为职工缴纳的生育保险费。

e. 工伤保险费:是指企业按照规定标准为职工缴纳的工伤保险费。

②住房公积金:是指企业按规定标准为职工缴纳的住房公积金。

③工程排污费:是指按规定缴纳的施工现场工程排污费。

其他应列而未列入的规费,按实际发生计取。

(5)税金:指按国家税法规定的应计入建筑安装工程造价内的增值税、城市维护建设税、教育费附加及地方教育附加等。

1.1.3 设备及工器具购置费

设备购置费还应包括虽低于固定资产标准但属于明确列入设备清单的设备费用;应根据计划购置的清单(包括设备的规格、型号、数量),以设备原价和运杂费按以下公式计算:

$$设备购置费 = 设备原价 + 设备运杂费$$

设备运杂费主要由运费和装卸费、包装费、设备供销部门手续费、采购与保管费组成。

工具、器具及生产家具购置费,是指新建或扩建项目初步设计规定的,保证初期正常生产必须购置的没有达到固定资产标准的设备、仪器、工卡模具、器具、生产家具和备品备件等的购置费用。一般以设备购置费为计算基数,乘以相应的费率计算,按以下公式计算:

$$工器具及生产家具购置费 = 设备购置费 \times 定额费率$$

1.1.4 工程建设其他费用

工程建设其他费用,是指从工程筹建起到工程竣工验收交付使用止的整个建设期间,除建筑安装工程费用和设备及工、器具购置费用以外的,为保证工程建设顺利完成和交付使用后能够正常发挥效用而发生的各项费用。工程建设其他费用,大体可分为三类:第一类指土地使用费;第二类指与工程建设有关的其他费用;第三类指与未来企业生产经营有关的其他费用。

1.1.5 预备费

预备费是指考虑建设期可能发生的风险因素而导致增加的建设费用,预备费又包括基本预备费和涨价预备费两大种类型。

1. 基本预备费

基本预备费是指在初步设计及概算内难以预料的工程费用。

(1)在批准的初步设计范围内,技术设计、施工图设计及施工过程中所增加的工程费用;设计变更、局部地基处理等增加的费用。

(2)一般自然灾害造成的损失和预防自然灾害所采取的措施费用,实行工程保险的工程项目费用应适当降低。

(3)竣工验收时为鉴定工程质量,对隐蔽工程进行必要的挖掘和修复费用。基本预备费一般用建筑安装工程费用、设备及工器具购置费和工程建设其他费用三者之和乘以基本预备费率进行计算。基本预备费率一般按照国家有关部门的规定执行。

2. 涨价预备费

涨价预备费也称为价差预备费,它是指建设项目在建设期内由于价格等变化引起工程造价变化的预留费用。

1.1.6 建设期利息

建设期利息主要是指工程项目在建设期间内发生并计入固定资产的利息,主要是建设期发生的支付银行贷款、出口信贷、债券等的借款利息和融资费用。

1.2 园林绿化工程概预算概述

1.2.1 园林绿化工程概预算基本概念

园林绿化工程概(预)算是施工单位在开工之前,根据已批准的施工图纸和既定的施工方案,按照现行的工程预算定额或工程量清单计价规范计算各分部分项工程的工程量,并在此基础上,逐项套用或计算相应的单位价值;累计其全部直接费用;再根据各项费用取费标准进行计算;直至计算出单位工程造价和技术经济指标,进而根据分项工程的工程量分析出材料、苗木、人工、机械等用量。

就学术范围而言,园林建设投入应包括自然资源的投入与利用,历史、文化、景观资源的投入与利用和社会生产力资源的投入与利用。

广义的园林工程概(预)算应包括对园林建设所需的各种相关投入量或消耗量进行预先计算,获得各种技术经济参数;并利用这些参数,从经济角度对各种投入的产出效益和综合效益进行比较、评估、预测等的全部技术经济的系统权衡工作,由此确定技术经济文件。因此,从广泛意义上来说,又称其为"园林经济"。

1.2.2 园林绿化工程概预算的意义

园林产品属于艺术范畴,它不同一般工业、民用建筑,每项工程特色不同,风格各异,工艺要求不尽相同而且项目零星,地点分散,工程量小,工作面大,花样繁多,形式各异,同时也受气候条件的影响,因此,园林绿化产品不可能确定一个统一的价格,因而必须根据设计文件的要求,对园林绿化工程事先从经济上加以计算,以便获得合理的工程造价,保证工程的质量。

1.2.3 园林绿化工程概预算的作用

(1)是确定园林绿化工程造价的依据。
(2)是建设单位与施工单位进行工程招投标的依据,也是双方签订承包经济合同,办理工程竣工结算的依据。
(3)是施工企业组织生产、编制计划,统计工作量和实物量指标的依据。
(4)是考核工程成本的依据。
(5)是设计单位对设计方案进行技术经济分析比较的依据。

1.2.4 园林绿化工程项目划分

1. 建设项目

建设项目指具有经批准按照一个设计任务书的范围进行施工,经济上实行统一核算,行政上具有独立组织形式的建设工程实体。

2. 单项工程

单项工程又称工程项目,是建设项目的组成部分。指具有独立的设计文件、能够单独编制综合预算,能够单独施工,建成以后可以独立发挥生产能力或使用效益的工程。如教学区园林工程、生活区园林工程等都是单项工程。

3. 单位工程

单位工程是单项工程的组成部分。它具有单独设计的施工图和单独编制的施工图预算,可以独立施工。如园林绿化工程、庭院灯光工程、绿化给排水工程等都是单位工程。

4. 分部工程

分部工程是单位工程的组成部分。一般是按单位工程的各个部位、主要结构、使用材料或施工方法等的不同而划分的工程。如园林工程中的园路园桥、绿化植物、堆砌假山、庭院灯光等。

5. 分项工程

分项工程是分部工程的组成部分。是根据分部工程的划分原则,将分部工程进一步划分成若干细部。如栽植桂花、卵石铺地等。

1.3 园林绿化工程概预算编制简介

1.3.1 园林绿化工程概预算编制依据

编制预算前,需对准备编制的预算用途进行判断,不同的用途其编制依据有所不同。

1. 现行的工程预算文件分类及要求

(1)施工图预算:一般由设计部门编制,用于工程报建等。

(2)工程结算:现场资料多,中间环节多,现场经验要求较丰富。

(3)工程标底:具有相应资质工程咨询单位编制;与一般施工图预算相比精确度要求高,应根据招标文件及相关答疑计算。

(4)工程量清单:根据要求列出分项工程项目及工程量,主要用于招投标,精度要求低,但项目应齐全。

(5)清单报价:随着建筑市场的不断开放,淡化定额,根据工程量清单进行报价,已成为发展趋势。要求编制人员施工经验较丰富,且掌握好报价技巧。

(6)设计概算:作为投资拨款或设计费收费的依据,一般列项较粗。

(7)施工现场报量:根据工程结算方式进行进度的报量报价。了解这些后,编制人员可根据工程预算的不同用途,调整时间、速度,掌握编制质量。

2. 一般工程预算文件编制依据

(1)设计资料:设计图纸及相关的图集。

(2)预算资料:现行的《全国统一建筑工程基础定额》,当地单位估价表,配套的费用定额,工程所在地材料市场预算价及价差调整规定。

(3)施工组织设计或施工方案。

3. 工程结算编制依据

工程结算编制的质量取决于编制依据及原始资料的积累。一般工程结算的依据主要有以下几个方面:

(1)工程合同。

(2)中标通知书或已审定的原施工图预算书。

(3)设计图纸交底或图纸审查会议纪要。

(4)设计单位修改或变更设计的通知单。

(5)由施工单位或业主提出变更,并经总监签发设计变更,及业主、设计单位、施工单位、监理单位会签的施工技术问题核定单。

(6)有效的隐蔽工程检查验收记录。

(7)监理工程师认可的签证单,指原施工图预算未包括,而在施工过程中实际发生的项目,含临时停水停电、材料代用核定等。

(8)分包单位分包的工程结算书。

(9)材料代用发生材料价差的原始记录。

(10)其他已办理了签证的项目。

1.3.2 园林工程概预算编制的程序

1. 搜集各种编制依据

搜集施工图设计图纸、施工组织设计、预算定额、施工管理费和各项取费定额、材料价格预算表、地方预决算材料、预算调价文件、标准和通用集、地方有关技术经济资料等。

2. 熟悉施工图纸和施工说明书,参加技术交底,解决疑难问题

设计图纸和施工说明书是编制工程预算的重要基础资料,它为选择套用定额子目、取定尺寸和计算各项工程量提供重要的依据,因此,在编制预算之前,必须对设计图纸和施工说明书进行全面细致的熟悉和审查,参加技术交底,共同解决疑难问题,从而掌握及了解设计意图和工程全貌,以免在选用定额子目和工程量计算上发生错误。

3. 熟悉施工组织设计和了解现场情况

施工组织设计是由施工单位根据工程特点及施工现场的实际情况等各种有关条件编制的,它是编制预算的依据。因此,必须熟悉施工组织设计的全部内容,并深入现场了解实际情况,才能准确编制预算。

4. 学习并掌握好工程预算定额及有关规定

为了提高工程预算的编制水平,正确地运用预算定额及其有关规定,必须认真熟悉现行预算定额的全部内容,了解和掌握定额子目的工程内容、施工方法、材料规格、质量要求、计量单位、工程量计算规则等,以便能熟练查找和正确应用。

5. 确定工程项目、计算工程量

(1)确定工程项目:按照定额项目确定工程项目,如水景工程、绿化工程等,防止丢项、漏项。

(2)计算工程量:

①按照定额规定和工程量计算规则计算工程量。

②计算单位应与定额单位一致。

③取定的建筑尺寸和苗木规格要准确。

④计算底稿要整齐,详细。尽可能保留计算过程。

⑤要按照一定的计算顺序计算,便于审核工程量。

⑥利用基数连续计算。

6. 编制工程预算书

(1)录入工程信息和编制依据。

(2)录入工程项目及工程量。

(3)录入定额。

(4)材料录入及调整。

(5)调整费用标准。

(6)全面校核。

(7)编制预算说明书。

(8)打印并装订预算文件。

7. 工料分析

根据工程数量及定额中用工、用料数量,计算整个工程工料所需数量。

8. 复核、签章及审批

工程项目应有严格的复核、签章及审批程序。

1.3.3 园林工程概预算经济指标

1. 建设工程造价技术经济指标

建设工程造价技术经济指标是指以单位工程为对象，按工程建筑面积、体积、长度或自然计量单位反映的人工、材料和机械台班的消耗量和价格指标。园林绿化工程概预算经济指标见表1-20。

2. 工程造价指数

工程造价指数反映一定时期的工程造价相对于某一固定时期或上一时期工程造价的变化方向、趋势和程度的比值或比率，是调整工程造价价差的依据。按照构成内容不同，可以分为单项价格指数信息、综合价格指数信息。按照适用范围和对象不同，可以分为建设项目或单项工程造价指数信息、设备工器具价格指数信息、建筑安装工程造价指数信息、人工价格指数信息、材料价格指数信息、施工机械使用费指数信息等。

3. 工程造价指数的概念及其编制的意义

(1)各种单项价格指数

各种单项价格指数包括了反映各类工程的人工费、材料费、施工机械使用费报告期价格对基期价格的变化程度的指标。可用于研究主要单项价格变化的情况及其发展变化的趋势。其计算过程可以简单表示为报告期价格与基期价格之比。

以此类推，可以把各种费率指数也归于其中，例如措施费指数、间接费指数，甚至工程建设其他费用指数等。这些费率指数的编制可以直接用报告期费率与基期费率之比求得。很明显，这些单项价格指数都属于个体指数。其编制过程相对比较简单。

(2)设备、工器具价格指数

设备、工器具的种类和规格很多。设备、工器具费用的变动通常是由两个因素决定的，即设备、工器具单件采购价格的变化和采购数量的变化，并且工程所采购的设备、工器具是由不同规格、不同种类组成的，因此设备、工器具价格指数属于总指数。

由于采购价格与采购数量的数据无论是基期还是报告期都比较容易获得，因此设备、工器具价格指数可以用综合指数的形式来表示。

(3)建筑安装工程造价指数

建筑安装工程造价指数也是一种综合指数。其中包括了人工费指数、材料费指数、施工机械使用费指数及措施费、间接费等各项个体指数的综合影响。

由于建筑安装工程造价指数相对比较复杂，涉及的方面广，利用综合指数来进行计算分析难度较大。因此，可以通过对各项个体指数的加权平均，用平均数指数的形式表示。

(4)建设项目或单项工程造价指数

建设项目或单项工程造价指数是由设备、工器具指数、建筑安装工程造价指数、工程建设其他费用指数综合得到的。它也属于总指数，并且与建筑安装工程造价指数类似，一般也用平均数指数的形式来表示。

根据造价资料的期限长短来分类，也可以把工程造价指数分为时点造价指数、月指数、季指数和年指数等。

表1-2 园林绿化工程概算预算经济指标表

工程名称：

工程特征	建筑面积： 庭院绿化： 道路绿化： 园道、小桥：				假山： 喷灌： 成活期养护： 园林小品：			
经济指标	工程造价/元							
	分部工程	土石方工程/m³	园林建筑工程	绿化工程	工料机费/元	喷灌工程	其他	采用计价依据
	工程量							
	分部造价/元							
	单方造价/元·m⁻²							
	占总造价比例/%							
园林建筑工程主材消耗量	人工/工日	水泥/T	木材/m³		砂/m³		碎石/m³	
价格/元								
绿化工程主要消耗量	人工/工日	地被/m²	水管/m		苗木(灌木)		苗木(灌木)	苗木(灌木)
价格/元								
工程开工日期：				工程竣工日期：			材料采用时间：	
附注								

课后习题

1. 工程造价含义及其组成。
2. 建筑安装工程费用项目组成（分别按费用构成要素和造和价形成划分）。
3. 什么是预备费？预备费包括哪两大类型？
4. 什么是园林绿化工程概预算？有什么意义？有什么作用？

第 2 章 园林绿化工程工程量清单计价总述

2.1 园林绿化工程工程量清单编制概述

工程量清单是表现拟建工程的分部分项工程项目、措施项目、其他项目、规费项目和税金项目的名称及相应数量的明细清单。

园林绿化工程的计价采用现行的建设工程的计价规则。《建设工程工程量清单计价规范》(GB 50500—2013)适用于建设工程的工程计价活动,使用国有资金投资或以国有资金投资为主的建设工程发、承包必须采用工程量清单计价。非国有资金投资为主的建设项目,可以采用工程量清单计价。其次,总则还指出工程量清单、招标控制价、投标报价、中标后的价款结算应该由具有相应资格的工程造价专业人员承担编制。建设工程工程量清单计价应该遵循客观、公正、公平的原则。建设工程工程量清单计价活动,除应该满足《建设工程工程量清单计价规范》(GB 50500—2013)的要求外,还应符合国家现行有关标准的规定。

《建设工程工程量清单计价规范》(GB 50500—2013)中的强制性条款包括以下两条:
(1)全部使用国有资金投资或以国有资金投资为主的大中型建设工程执行本规范。
(2)规范中要求强制执行的 4 个统一。
①统一的分部分项工程项目名称。
②统一的计量单位。
③统一的工程量计算规则。
④统一的项目编码。

园林绿化工程工程量清单分为四部分,分别是绿化工程,园路、园桥工程,园林景观工程及措施项目。其中绿化工程包括绿地整理、栽植花木、绿地养护、植物迁移与假植、边坡绿化生态工程五部分。

园路、园桥工程包括园路、园桥、驳岸及护岸工程等。

园林景观工程包括堆砌假山、塑假石山工程;原木、竹构件;亭廊屋面;花架;园林桌椅;杂项。

措施项目包括脚手架工程、模板工程、树木支撑架、草绳绕树干、搭设遮阴(防寒)棚工程、围堰、排水工程、安全文明施工及其他措施项目。

2.1.1 园林工程工程量计算部分规则

(1)大树迁移:大树起挖、大树栽植、大树砍伐按设计图示数量以"株"计算。

(2)支撑、卷干、遮阴棚:树木支撑以"株"计算,草绳绕树干以"延长米"计算,遮阴棚以展开面积"m^2"计算。

(3)地形改造:地形改造按面积"m^2"计算。

(4)绿地整理、滤水层及人工换土:绿地整理按设计图示尺寸以面积"m^2"计算,垃圾深埋按体积以"m^3"计算,陶粒滤水层按体积以"m^3"计算,排水阻隔板、土工布滤水层按面积以"m^2"计算,人工换土以"株"计算。

(5)绿地养护:养护乔木、灌木以"株"计算,养护片植灌木以面积"m^2"计算,养护绿篱以长度"延长米"计算,养护竹类以数量"株(丛)"计算,养护花卉、地被草坪以面积"m^2"计算等。

工程量清单由分部分项工程量清单、措施项目清单、其他项目清单、规费和税金项目的名称及相应数量的明细清单组成。其编制应该由具有编制招标文件能力的招标人或具有相应资质的工程造价咨询单位承担。采用工程量清单方式招标项目,工程量清单是招标文件中重要的组成部分,是招标文件中不可分割的一部分,其完整性和准确性由招标人负责。

工程量清单是工程量清单计价的基础,应作为编制招标控制价、投标报价、计算工程量、支付工程款、调整合同价、办理竣工结算及工程索赔等的依据之一,其内容应全面、准确。合理的清单项目设置和准确的工程量,是投资控制的前提和基础,也是清单计价的前提和基础。因此,工程量清单编制的质量直接关系和影响工程建设的最终结果。

2.1.2 分部分项工程量清单

分部分项工程量清单计价表见表2-1,在分部分项工程量清单的编制过程中,由招标人负责前6列内容的填写,金额部分在编制招标控制价时填写。投标报价时,金额由投标人填写,但投标人对分部分项工程量清单计价表中的序号、项目编码、项目名称、项目特征、计量单位、工程量不能做出修改。

表2-1　　　　　　　　　　分部分项工程量清单计价表

序号	项目编码	项目名称	项目特征	计量单位	工程数量	金额/元		
						综合单价	合价	暂估价
合　计								

综合单价应包括完成一个规定计量单位工程所需的人工费、材料费、机械费、管理费和利润,并应考虑风险因素。在其他项目清单中,甲方提供材料暂估价的,投标人应在相应清单项目中计入综合单价,竣工结算时此部分项目按实际材料价格重新调整综合单价。

风险费用按照施工合同约定的风险分担原则,结合自身实际情况,投标人在报价时应综合分析,考虑其在施工过程中可能出现的人工、材料、机械的涨价或施工工程量增加或减少等因素引起的潜在风险。清单招标不得采用无风险、所有风险等类似语句规定风险。

暂估价:暂估价是指招标阶段直至签订合同协议时,招标人在招标文件中提供的用于支付必然要使用但暂时不能确定价格的材料,以及专业工程的金额,包括材料暂估价、专业工程暂估价。

①招标人提供的材料暂估价应只是材料费,投标人应将材料暂估单价计入工程量清单综合单价报价中。

②专业工程的暂估价一般应是综合暂估价,应当包括除规费和税金以外的管理费、利润等取费。

2.1.3 措施项目及其他项目清单

1. 措施项目清单

措施项目清单应根据拟建工程的实际情况列项,分为通用项目和专业措施项目。当出现清单计价规范中未列措施项目时,可根据工程实际情况进行补充。

措施项目中可以计算工程量的项目清单宜采用分部分项工程量清单的方式使用综合单价,列出项目编码、项目名称、项目特征、计量单位和工程量计算规则;不能计算工程量的项目清单,以"项"为计量单位,投标单位一经报价就视为管理费、利润在内。

2. 其他项目清单

其他项目清单指分部分项工程量清单、措施项目清单所包括的内容以外,因招标人的特殊要求而发生的与拟建工程有关的其他费用项目和相应数量的清单。工程建设标准的高低、工程的复杂程度、工程的工期长短、工程的组成内容、发包人对工程管理的要求等都直接影响其他项目清单的具体内容。

2.1.4 规费和税金

规费:是指按国家法律、法规规定,由省级政府和省级有关权力部门规定必须缴纳或计取的费用。规费项目清单应按照下列内容列项:社会保险费,住房公积金,工程排污费,危险作业意外伤害保险。出现未列的项目,应根据省级政府或省级有关权力部门的规定列项。

1. 社会保险费

(1)养老保险费:指企业按照规定标准为职工缴纳的基本养老保险费。

(2)失业保险费:指企业按照规定标准为职工缴纳的失业保险费。

(3)医疗保险费:指企业按照规定标准为职工缴纳的基本医疗保险费。

(4)生育保险费:指企业按照规定标准为职工缴纳的生育保险费。

(5)工伤保险费:指企业按照规定标准为职工缴纳的工伤保险费。

2. 住房公积金

住房公积金指企业按规定标准为职工缴纳的住房公积金。

3. 工程排污费

工程排污费是指按规定缴纳的施工现场工程排污费。

其他应列而未列入的规费,按实际发生计取。

税金:是指国家税法规定的应计入建筑安装工程造价内的营业税、城市维护建设税、教育费附加及地方教育附加。

税金项目清单应包括下列内容:营业税,城市维护建设税,教育费附加。

2.2 园林绿化工程工程量清单计价简介

2.2.1 工程量清单计价特点

由于园林工程产品本身的特点使得园林工程造价计价也有不同于一般商品计价的特点。

1. 单件性

由于每个园林工程都有各自的一套图纸,每个产品都是不一样的,所以每个园林工程都需要单独计价,这就是造价计价的单件性。

2. 多次性

每个园林工程项目从决策开始到竣工验收完成要有不同的建设阶段,每个阶段都会产生一个造价,所以一个园林工程项目会有多次计价,而每次计价的依据都会不同,所得的价格也不相等,一般上一级的计价价格应大于下一级的计价价格。

3. 组合性

由于园林工程计价的原理是先拆分,再分别计价,然后再综合,所以一个价格是几个部分组合成的。

4. 计价方法的多样性

园林工程计价有工料单价法和综合单价法,定额计价和工程量清单计价,目前国际上通用的是工程量清单计价。另外在工程建设的不同阶段,其计价方式也不相同。

5. 计价依据的复杂性

园林工程计价的依据很多,除了定额外,工程量计算规则、人工和材料设备的价格、费用项目组成、措施费和其他费用的计算依据、政府的税费、物价指数和造价指数等都会影响计价的结果,这些计价依据都在不断变化着,所以工程计价的方式方法随着时间的推移也在不断变化。

2.2.2 工程量清单计价表组成

1. 招标控制价封面

招标控制价封面由招标人负责完成。

2. 投标总价封面

投标总价封面由投标人按规定的内容填写、签字、盖章。

3. 投标报价总说明

投标报价总说明应按规定内容填写。

4. 工程项目投标报价汇总表

工程项目投标报价汇总表由投标人负责填写。

5. 单项工程费汇总表

单项工程费汇总表由投标人负责填写。

6. 单位工程费汇总表

单位工程费汇总表由投标人负责填写。

2.2.3 工程量清单计价程序

工程量清单计价的基本过程可以描述为：在统一的工程量清单项目设置的基础上，依据清单工程量计算规则，根据具体工程的施工图纸计算出各个清单项目的工程量，再根据各种渠道所获得的工程造价信息和经验数据计算得到工程造价。

清单工程量是投标人投标报价的共同基础，是对各投标人的投标报价进行评审的共同平台，是招投标活动应当公开、公平、公正和诚实、信用原则的具体体现。竣工结算的工程量按发、承包双方在合同中约定应予计量且实际完成的工程量确定。工程量清单计价的基本程序如下。

$$分部分项工程费 = \sum (分部分项工程量 \times 综合单价)$$

$$措施项目费 = \sum 各措施项目费$$

$$其他项目费 = \sum 其他项目费$$

$$单位工程报价 = 分部分项工程费 + 措施项目费 + 其他项目费 + 规费 + 税金$$

$$单项工程报价 = \sum 单位工程报价$$

$$建设项目总报价 = \sum 单项工程报价$$

2.2.4 园林工程量计算的原则及步骤

1. 规格标准的转换和计算

(1)工程量计量单位与定额单位的转换。

(2)设计单位与定额单位的转换。

2. 工程量计算的原则及方法

(1)工程量计算的一般原则。

①计算口径要一致，避免重复和遗漏。

②工程量计算规则要一致，避免错算。

③计量单位要一致。

④按顺序进行计算。

⑤计算精度要统一。

(2)工程量计算的一般方法
①按照定额规定和工程量计算规则计算工程量。
②计算单位应与定额单位一致。
③取定的建筑尺寸和苗木规格要准确。
④计算底稿要整齐,详细。尽可能保留计算过程。
⑤要按照一定的计算顺序计算,便于审核工程量。
⑥利用基数连续计算。
(3)工程量计算的步骤
①列出分项工程项目名称。
②列出工程量计算式。
③调整计量单位。
④套用预算定额进行计算。

课后习题

1. 简述园林绿化工程工程量清单编制。
2. 简述园林工程造价计价不同于一般商品计价的特点。
3. 暂估价是什么？分为哪几类？

第 3 章
园林绿化工程计价定额

园林工程计价定额是对园林工程建设实行科学管理和监督的重要手段之一,为园林工程造价管理提供了翔实的技术衡量标准和数量指标,对于推进园林工程的市场化建设具有重要意义。

3.1 园林工程计价定额概述

1. 定额的概念

园林工程定额是在正常的施工条件下完成园林工程中一定计量单位的合格产品所必须消耗的劳动力、材料和施工机具的数量标准。正常的施工条件指生产过程按生产工艺和施工验收规范操作,施工条件完善,劳动组织合理,物料齐全,机械正常,在这样的条件下确定完成单位合格产品的劳动工日数、材料和施工机具的用量,同时规定工作内容及其他要求。

2. 定额的性质

定额既是造价管理的依据,也能调动施工企业职工的生产积极性。一般来讲具有科学性、法令性、群众性、时效性与相对稳定性。

3.2 《四川省园林绿化工程计价定额》简介

《四川省建设工程工程量清单计价定额——园林绿化工程》(2020 年)(以下简称本定额)适用于新建、扩建和改建园林绿化工程。包括绿化工程,园路、园桥工程,园林景观工程及措施项目共 4 章。

3.2.1 绿化工程简介

绿化工程包括绿地整理,栽植花木,绿地养护,植物迁移、假植,边坡绿化生态工程五部分。

(1)绿地整理

绿地整理包括绿地平整、土方造型、苗木起挖。

绿地平整：在进行绿化施工之前，绿化用地上所有建筑垃圾和其他杂物，都要清除干净。若土质已遭恶化或其他污染，要清除恶化，置换肥沃客土。（客土是指非当地原生的、由别处移来用于置换原生土的外地土壤，通常是指质地好的沙质土或人工土壤。制作满足这些条件的客土，仅依靠自然土壤是不够的，还需人工添加其他物质。在自然土壤中所应添加的其他物质有各类肥料、土壤改良剂等）。

土方造型：自然环境中因地形的起伏而形成平原、丘陵、山峰、盆地等地貌，在园林绿地中模仿自然表面各种起伏形状的地貌而进行的微地形处理，称之为土方造型。

苗木起挖：将植株从土中连根（裸根或带土团并包装）起出，术语称掘苗，通俗称为苗木起挖。苗木根据培植方式及有无断根处理通常分为地栽苗、假植苗、容器苗（如图3-1、图3-2、图3-3所示）。

图3-1 地栽苗 　　　图3-2 假植苗

图3-3 容器苗

(2)栽植花木

花木：即"花卉苗木"的简称，又称观花树木或花树，泛指能够开花的乔灌木，包括藤本植物等。树木的分类方法有很多种，按树木生长类型可分为乔木、灌木、藤本类、匍匐类。为方便定额使用将苗木大致分为以下种类：乔木、灌木、棕榈科植物、竹类植物、水生植物、攀缘植物、花卉、草坪等。

乔木：指有明显主干，各级侧枝区别较大，分枝离地面较高的树木。或者指直立主干、高度一般在3米以上的木本植物。乔木3～8米，中乔木8～15米，大乔木15米以上。也可以分为常绿类和落叶类，常绿类：扁桃、芒果、桂花、人面子、樟树等；落叶类：梧桐、银杏、垂柳、玉兰、水杉等，如图3-4、图3-5所示。

图 3-4　常绿乔木 　　　　　　　　　图 3-5　落叶乔木

灌木：指无明显主干，分枝离地面较近，分枝较密的木本树木。灌木一般可分为观花、观果、观枝干等几类，一般为阔叶植物，也有一些针叶植物是灌木，如刺柏。

观花类：常见的有朱槿、杜鹃、牡丹、月季、茉莉等，如图 3-6 所示。

观叶类：常见的有南天竹、变叶木、鹅掌柴、海桐等，如图 3-7 所示。

图 3-6　朱槿 　　　　　　　　　　图 3-7　南天竹

观果类：常见的有南天竹、十大功劳、小叶女贞等，如图 3-8 所示。

观枝干类：常见的有红瑞木、棣棠、连翘等，如图 3-9 所示。

图 3-8　小叶女贞 　　　　　　　　　图 3-9　棣棠

棕榈科植物：又称槟榔科，棕榈目只有这一科。该科植物一般都是单干直立，少部分丛生，不分枝，叶大，集中在树干顶部，多为掌状分裂或羽状复叶的大叶，一般为乔木，也有少数是灌木或藤本植物，花小，通常为淡黄绿色。常见的有：大王椰、蒲葵、加拿利海枣、金山葵、三角椰、丛生鱼尾葵、散尾葵、三药槟榔等，如图 3-10、图 3-11 所示。

图 3-10　大王椰 　　　　　　　　　　图 3-11　蒲葵

竹类植物：竹，禾本科多年生木质化植物，是重要的造园材料，也是构成中国园林的重要元素。竹的种类很多，一般分为散生竹和丛生竹，大多可供庭院观赏。比较常见的有黄金间碧玉竹、佛肚竹，如图3-12、图3-13所示。

图 3-12　黄金碧玉竹 　　　　　　　　图 3-13　佛肚竹

水生植物：能在水中生长的植物，统称为水生植物，包括所有沼生、沉水或漂浮的植物。根据水生植物的生活方式，一般将其分为挺水植物、浮叶植物、沉水植物和漂浮植物及挺水草本植物几大类。常见的有荷花、再力花，如图3-14、图3-15所示。

图 3-14　荷花 　　　　　　　　　　图 3-15　再力花

攀缘植物：通俗地说，就是能抓着东西爬的植物。在植物分类学中，并没有攀缘植物这一门类，这个称谓是人们对具有类似爬山虎这样生长形态植物的形象叫法，生活中就有不少攀缘植物，如紫藤、炮仗花、牵牛花、茑萝、凌霄、常春藤、葡萄等，如图3-16所示。

花卉：狭义的花卉是指有观赏价值的草本植物，如凤仙、菊花、一串红、鸡冠花等；广义的花卉除有观赏价值的草本植物外，还包括草本或木本的地被植物、花灌木、开花乔木及盆景等，除此之外，还有梅花、桃花、木棉、山茶等乔木及花灌木等，如图3-17至图3-19所示。

图3-16　紫藤

图3-17　炮仗花

图3-18　一串红

图3-19　桃花

草坪：平坦的草地，今多指园林中用人工铺植草皮或播种草籽培养形成的整片绿色地面，也广泛用于运动场、水土保持地、铁路、公路、飞机场和工厂等场所。用于城市和园林中草坪的草本植物主要有马尼拉草、野牛草、牙根草、地毯草、钝叶草、假俭草等。一般有草皮铺植（块状铺植）和喷播植草。

(3) 绿化养护

园林植物栽植后到工程竣工验收前为施工期间的植物养护时期，应对各种植物精心养护管理。养护内容应根据植物习性和情况及时浇水；结合中耕除草，平整树台；根据植物生长情况应及时追肥、施肥。对树木应加强支撑、绑扎及裹干措施，做好防强风、干热、洪涝、越冬防寒等工作。绿化工程中苗木成活期的养护至关重要，不同类型的苗木成活期养护计算方式不同。

(4) 植物迁移、假植

苗木迁移仅指于绿地原有绿化植物迁移，不适用于生产绿地的苗木起挖和运输。假植指经过断根处理或者断根移植过的苗木。为了提高苗木移栽的成活率，假植及时的砍断移植过程中无法保留的树根，使苗木生长出更多的短小须根，确保在以后移栽过程中苗木有足以成活的树根。假植苗木移植成活率高,缓苗期短,对养护要求较低。

(5)边坡绿化生态工程

边坡绿化生态工程是为了保证边坡的稳定和美观及使边坡与周围环境相协调。边坡绿化生态工程通常包括喷播植草、挂网、喷厚层基材灌木护坡、边坡生态袋等方式。边坡绿化生态工程通常伴随着支护设施、排水设施、土石方工程一起施工,而这些部分当按现行的《四川省建设工程工程量清单计价定额——房屋建筑与装饰工程》、《四川省建设工程工程量清单计价定额——市政工程》计价计算。

3.2.2 园路、园桥工程简介

园路、园桥起着组织空间、引导游览、交通联系及提供散步休息场所的作用。它像脉络一样,把园林的各个景区联系成整体。

本分部包括园路、园桥、驳岸及护岸工程等内容。

本分部适用范围:公园、小游园、庭园的园路、园桥、水面驳岸等。

一般绿地的园路分为主路、支路、小路和园务路。

园路的结构从上到下通常包含面层、结合层、垫层或基层和路基,具体结构如图 3-20 所示。

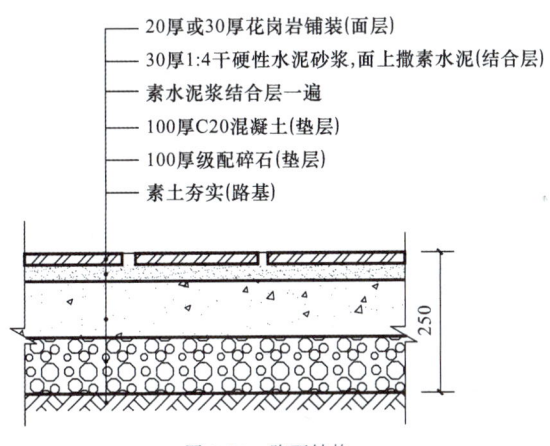

图 3-20 路面结构

园桥可以联系风景点的水陆交通,组织游览线路,变换观赏视线,点缀水景,增加水面层次,兼有交通和艺术欣赏的双重作用。园桥在造园艺术上的价值,往往超过其交通功能。

园桥在自然山水园林中的布置同园林的总体布局、道路系统、水体面积占全园面积的比例、水面的分隔或聚合等密切相关。总体来说园桥应与周围的环境协调融为一体。

园桥的形式造型有很多,可分为平桥、拱桥、亭桥、廊桥、吊桥、栈道、浮桥、汀步及平曲桥。

园桥由三部分组成,包括上部结构、下部结构及附属构筑物。

3.2.3 园林景观工程

园林景观工程包括假山工程,原木、竹构件,亭廊屋面,花架,园林桌椅,喷泉安装等。

(1)假山工程:假山工程通常包括堆砌假山、塑假石山、点风景石、石笋,如图3-21所示。

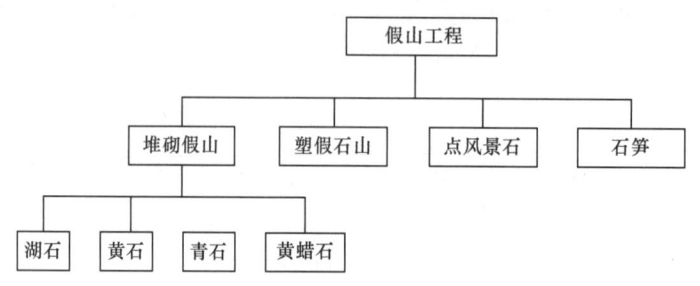

图3-21 假山工程的组成

(2)原木、竹构件:原木、竹构件是指由原木、竹做成的构件。原木主要取用伐倒树木的树干或合适的粗枝,按树种、树径和用途的不同,横向截断成规定长度的木材。

(3)亭廊屋面:亭廊屋面是指屋顶望板以上的面板工程,按材料分类可分为天然和人造两大类。天然材料如草皮屋面、树皮屋面、竹屋面、原木屋面,人造材料如彩钢板屋面、板瓦屋面。

(4)花架:花架是用刚性材料构成一定形状的格架以供攀缘植物攀附的园林设施,又称棚架、绿廊。花架可作遮阴休息之用,还可点缀园景。现在的花架有两方面的作用:一方面,供人休息、欣赏风景;另一方面,为攀缘植物创造生长的条件。花架(图3-22)可分为廊式花架、梁架式花架、独立式花架三类,如图3-23所示。

图3-22 花架

图3-23 花架类型

(5)园林桌椅:园林桌椅是游人沟通、交流的重要手段,也是人的交往空间的主要设施,园林休闲椅如图3-24所示。

(6)喷泉安装:喷泉通常包含喷泉管道、电缆、电气控制柜、喷泉水池、管架等部分。

图 3-24　园林休闲椅

3.2.4　措施项目

措施项目包括脚手架工程、模板工程、树木支撑架、草绳绕树干、搭设遮阴(防寒)棚工程、围堰、排水工程、安全文明施工等。

课后习题

1. 什么是园林定额？定额的性质是什么？
2. 绿化工程措施项目包括哪些？
3. 绿化工程包括哪几部分？

第4章 绿化工程计量与计价

4.1 绿化工程概述

4.1.1 绿化工程的概念、特点及分类

广义的绿化工程是指用来绿化或美化环境的建设工程,其概念基本等同于绿化工程,其以绿化建设中的工程技术为研究对象,特点是以工程技术为手段,塑造绿化艺术的形象。也是在一定的地域运用工程技术和艺术手段,通过改造地形(或进一步筑山理水、叠石)、种植花草树木、营造建筑和布置园路等途径创作成美的近自然环境和游憩境域。绿化,在中国古籍里根据性质不同也称作园、囿、苑、园亭、庭园、园池、山池、池馆、别业、山庄等,美英各国则称之为 Garden、Park、Landscape Garden。它们的性质、规模虽不完全一样,但都具有一个共同的特点:即在一定的地段范围内,利用并改造天然山水地貌或者人为开辟山水地貌,结合植物的栽植和建筑的布置,从而构成一个供人们观赏、游憩、居住的环境。

狭义的绿化工程常被称为绿化种植工程,是绿化工程中的重要组成部分,也是绿化工程中最具生命力和活力的部分。是指以工程手段和艺术方法,通过对绿化各个设计要素的现场施工而使目标园地成为特定优美景观区域的过程,也就是在特定范围内,通过人工手段(艺术的或技艺的)将绿化的多个设计要素(施工要素)进行工程处理,以使园地达到一定的审美要求和艺术氛围,这一工程实施的过程就是绿化工程。

在传统的观念中,中国的绿化特别是古典绿化往往给人神秘、深奥的感觉,每每提及总能想到小桥流水、画梁雕栋的艺术形象。然而,绿化不仅是大部分人认可的艺术形象,它更是一门严谨的科学。无论是空间组织、建筑布局、筑山理水,还是植物配置、意境营造都有其应遵循的规律。绿化工程的主体种植工程是利用有生命的植物来构成空间,这些材料本身就有"生命现象"的特点,包括生长及其他功能。生命现象还没有充分研究清楚,还不能充分地进行人工控制。因此,绿化植物有其困难的一面,也足见其科学性。

1. 绿化工程的基本特点

绿化工程,通常也被称为园林景观工程的一部分,是指通过植树、种草、栽花等植物种植与园艺工程手段,来保护和改善城市环境的重要措施。这一工程旨在利用绿色植物特有的生态功能,包括光合作用、蒸腾作用、吸收和吸附作用等,来净化空气、调节气候、美化城市环境和提供阴凉,从而为城市居民创造出一个良好的生活环境。

绿化工程的特点包括:

(1)生态性:绿化工程的核心在于其生态功能,通过种植绿色植物来改善城市的生态环境,提升城市的生态质量。在进行施工时需要充分考虑生态环境的保护和生态平衡的维持,要适合当地环境的植物种类,避免破坏生态环境,促进景观效果和生态效益的协调统一。

(2)艺术性:绿化工程不仅仅是简单的种植植物,还需要考虑植物的配置、色彩搭配、空间布局等艺术元素,以美化城市环境,提升城市的品位和居民的生活质量。

(3)科学性:绿化工程需要依据植物学、生态学、土壤学等科学知识,科学、合理地选择植物种类,配置植物群落,以保证绿化工程的生态效果和观赏效果。

(4)季节性:绿化工程的施工通常会受到季节的影响,不同季节适合进行不同的施工活动,如春季适合种植花草,夏季适合浇水施肥,秋季适合修剪修枝,冬季适合整理栽植。应根据不同季节的特点进行施工计划的制订和调整。

绿化工程的效果还需要时间来体现,植物的生长和成熟需要一定的时间,因此绿化工程的建设和管理需要长期的投入关注。

(5)技术性:绿化工程的施工不仅需要长期的维护管理,还需要运用多种技术手段,包括植物种植技术、养护管理技术、病虫害防治技术等,以保证绿化工程的顺利实施和长期效果,在选择植物品种和施工工艺时要注重选择耐旱、耐寒、易养护的植物,确保植物的生长和景观的持久性。同时需要考虑排水情况,根据不同地形和土壤的排水情况进行合理的设计和施工,确保植物的生长环境良好,避免因排水不畅而引发的植物病虫害或根部腐烂等问题。

(6)多样性:绿化工程的形式和内容具有多样性,施工范围涵盖了城市、农村、工矿、交通等各个领域。可以根据不同的需求和场地条件,设计出各种形式的绿化景观,如公园绿地、道路绿化、屋顶绿化、垂直绿化等。

2. 绿化工程的分类

根据不同的投资主体划分,园林绿化项目包括政府投资项目和社会投资项目两种。政府投资项目包括市政园林项目和生态修复项目,市政园林项目主要包括道路景观、公园景观、广场景观等项目,生态修复项目包括坡面修复、河流修复、水库修复、绿洲修复、矿区修复项目。社会投资项目主要集中于地产园林、文旅休闲园林(星级酒店、度假景区、主题公园)和私家庭院等(图4-1)。

绿化工程的分类多是按照工程技术要素进行的,其中按绿化工程概、预算定额的方法可将绿化工程划分为3类工程:单项绿化工程、单位绿化工程和分部绿化工程。

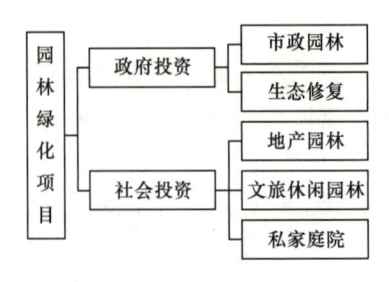

```
园林绿化项目 ─┬─ 政府投资 ─┬─ 市政园林
              │            └─ 生态修复
              └─ 社会投资 ─┬─ 地产园林
                           ├─ 文旅休闲园林
                           └─ 私家庭院
```

图 4-1　园林绿化项目划分

（1）单项绿化工程：根据绿化工程建设的内容来划分的，主要分为 3 类：绿化建筑工程、绿化构筑工程和绿化景观工程。

①绿化建筑工程可分为亭、廊、榭、花架等建筑工程。

②绿化构筑工程可分为筑山、水体、道路、小品、花池等工程。

③绿化景观工程可分为道路绿化、庭园绿化、屋顶绿化、墙体绿化等工程。

（2）单位绿化工程：在单项绿化工程的基础上将绿化的个体要素划归为相应的单项绿化工程。

（3）分部绿化工程：通过工程技术要素划分为土方工程、基础工程、砌筑工程、混凝土工程、装饰工程、栽植工程、绿化养护工程等。

4.1.2　名词术语

（1）地径：指地表面向上 0.1 m 高处树干直径。

（2）干径：指地表面向上 0.3 m 高处树干直径。

（3）胸径：指地表面向上 1.3 m 高处树干直径。

（4）冠径：又称冠幅，苗木冠丛垂直投影面的最大直径和最小直径之间的平均值。

（5）株高或冠丛高：地表面至乔（灌）木顶端的高度。

（6）乔木：指具有明显主干的木本植物。如松树、云杉。

（7）灌木：指没有明显的主干，分枝能力较强，且株体生长较矮的树木。如棣棠、木槿、夹竹桃、南天竹等。

（8）散生竹：指单轴散生型竹子。具有真正的地下茎（竹鞭），竹鞭横向蔓延于地下。鞭芽有的萌发成新鞭，继续在土中横向生长，有的芽萌发成笋，出土成竹，地面上的竹秆稀疏散生。具有这种类型的竹种又叫单轴型竹种。如刚竹属、唐竹属。

（9）丛生竹：指聚集在一处生长的竹类。地下茎粗壮短缩，一般不能在土中长距离横向生长。笋由秆基大型芽萌发出土成竹，次年又从新秆基大型芽萌发出土成竹，地面上的竹竿紧密相依，密集成丛。如慈竹属。

（10）根盘丛径：指丛生竹三株或三株以上的丛生在一起而形成的束状结构根盘的直径。

（11）绿篱：又称"植篱"，用绿化植物成行地紧密种植而成的篱笆。用灌木或小乔木密植成行或组成片篱、墙类形式，可防风、防尘、吸收噪声，分隔组织空间，具有屏障作用，并可作为雕塑、喷泉等装饰性小品的背景，构成图案造型。植篱按不同功能和高度通常有绿墙(160 cm 以上)、高绿篱(120～160 cm)、中绿篱(60～120 cm)、矮绿篱(60 cm 以内)之分。

(12)露地花卉:指适应能力较强,能在自然条件下露地栽培应用的一类花卉。

(13)草本花卉:从外形上看没有主茎或者虽有主茎,没有木质化或仅有株体基部木质化的花卉。按其生育期长短不同,可分为一年生、二年生和多年生几类。

(14)球根、块根花卉:指多年生草本花卉中,非须根类、变态茎类。其地下根部为粗壮的肉质根或肥大块状根;变态茎类地下部分为适应生存需要而变态成为鳞茎盘根或由鳞叶包裹成球形,或变成球形、不规则块茎等。

(15)宿根花卉:指植株地下部分可以宿存于土壤中过冬,翌年春天地上部分又可以萌发生长、开花结籽的多年生草本花卉。

(16)花坛:是花卉种植形式之一,几何轮廓(三角形、正方形、长方形、五边形、八边形、菱形、椭圆等)植床内种植各种色彩的观赏植物,有时组成具有鲜艳色彩或华丽图案,花坛的种类很多,应用也很广泛,首先按花的形状来分可分为以下几种:

①独立花坛:单独存在的花坛。

②带状花坛:一种狭长形的花坛,它的宽度一般在80 cm 以上,长短之比应大于5。

③组合花坛:由两个或两个以上的相同或不同几何形状的单体花坛组成一个不可分割的独立花坛。

④组群花坛:由三个或三个以上的单体花坛组织在同一个平面上,形成一个不可分割的构图整体。按花坛表现的主题和种植方式不同又可分为:

a. 图案式花坛:亦称毛毡花坛或模样花坛,它是由各种观叶或花叶兼美的矮生草本植物,以观赏小灌木组成的精美而华丽的图案为观赏主题。

b. 花丛式花坛:以表现观赏花卉的群体美为主题,没有复杂的图案,以花卉的绚丽色彩取胜,有时是同一种花卉片植,有时也可以将几个不同种类和不同色彩的花卉配置在一起。

c. 立体式花坛:是把各种五色草及矮生花从平面布置提高到立体布置,也可以说是图案或花坛的立体表现形式。其特点是必须先用砖、木及钢筋等建筑材料构筑成各种造型美丽的骨架,如花瓶、花篮、飞禽、走兽等。然后栽上五色草等植物,经过精细的清理和修剪而成,有的做成典型式样。如芙蓉仙子、天女散花、二龙戏珠等。

(17)地被植物:用于覆盖地面密集、低矮、无主枝干的植物。

(18)水生植物:指不适应于旱地栽培,需要生活在水中的植物。

(19)草坪:又称草地,主要指人工种植管理的、低短质细的禾草或少数莎草组成的草皮,是铺展在地面的绿毯。其方法是在草类生长良好的天然成片野生地带或人工已经繁殖成形的草圃(如植生带)中,将草皮按 20～30 cm^2 甚至 50 cm^2 大小成块连根铲起运至施工地点直接进行铺镶。铺镶方式有密铺、带状铺和点状铺法。

(20)冷季型草坪:指耐寒性较强,在部分地区冬季呈常绿状态或休眠状态,最适宜生长温度为15～20 ℃,耐高温能力差,在南方越夏较困难的草铺(播)种的草坪。

(21)暖季型草坪:指冬季呈休眠状态,早春开始返青,复苏后生长旺盛,最适宜生长温度为 26~32 ℃的草铺(播)种的草坪。

(22)满铺草坪:指将草皮切成一定长、宽、厚的草皮块,以 1~2 cm 的间距临块接缝错开,铺设于场地内的草坪。

(23)散铺草坪:指将草皮切成长方形的草皮块,按 3~6 cm 的间距或梅花式相间排列的方式,铺设于场地内的草坪。

(24)植生带:指采用专用机械设备,依据特定的生产工艺,把草种、肥料、保水剂等按一定的密度定植在可自然降解的无纺布或其他材料上,并经过机器的滚压和针刺的复合定位形成的成片草皮产品。

(25)攀缘植物:指能缠绕或依靠附属器官攀附他物向上生长的植物。

(26)古树名木:指树龄在一百年以上珍贵稀有的树木,具有历史、文化、科研价值的重要纪念意义等的树木统称。

(27)大规格树木:指胸径大于 20 cm 的落叶乔木和胸径大于 15 cm 的常绿乔木。

(28)假植:指苗木不能及时栽植时,将苗木根系用湿润土壤做临时性填埋的绿化工程措施。将苗木根用湿润的土壤进行暂时的埋深处理叫临时假植,而苗木在入冬前全部埋入假植沟内使之越冬的方法叫越冬假植,也叫长期假植。

(29)竣工验收:指按《园林绿化工程施工及验收规范》规定,在完成检验批、分项工程、分部(子分部)工程验收的基础上进行的绿化单位(子单位)工程质量验收。

(30)养护期:指苗木种植结束后至竣工验收前招标文件中(或发包人)要求承包人负责养护的时间。

4.2 绿地整理

4.2.1 绿地整理的概念

绿地是指城市专门用以改善生态,保护环境,为居民提供游憩场地和美化景观的绿化用地。绿地是城市绿地的简称,主要分为大类、中类、小类三个层次。绿地整理主要是为绿化用地对部分土地进行整理,根据设计要求及项目区地形的特点进行土地整理,应尽量减小土方量挖填,使排水顺畅,土地平整面的高差应符合设计及规范要求。种植区的场地应该按照土壤塑造地形图平整。清理场地是指施工范围内的地表种植土、杂草、树木、树根和其他杂质在施工前用人工或推土机予以清除,运至指定的位置弃置,堆放整洁,同时做好排水措施(图 4-2)。

图 4-2 绿地整理

4.2.2 定额计算说明

(1)整理绿化是指施工场地内原有种植土厚度≤300 mm 的挖、填、运、翻松、耙细、平整,未包括挖土外运、借土回填,整理绿化用地厚度＞300 mm 的挖填,应另行计算。

(2)绿地起坡造型是指有明确的绿化景观设计要求(通常通过等高线图等表达土方堆置的体量形式),设计绿化植地坡顶与坡底高差为 0.3~1.0 m,或各面平均坡度＜30％的土坡造型堆置。当堆置高差＞1.0 m,或各面最小坡度≥30％的土方堆置执行"绿化景观工程"中堆筑土山丘相应定额。

(3)绿地起坡造型、堆筑土山丘、片植种植土回填不得与整理绿化用地重复计算。

(4)单独挖树坑不栽植苗木执行相应定额机械挖树坑项目。

(5)砍挖、清除苗木适用于绿地上单株(或单项)砍挖、清除苗木,不适用于机械大开挖方式。

(6)屋顶花园基底处理、垂直墙体绿化基层按 2020 年《四川省建设工程工程量清单计价定额——绿色建筑工程》相应项目执行。

4.2.3 工程量计算规则

1. 定额工程量计算规则

(1)砍伐乔木、挖树根(蔸),以"株"计算。

(2)砍挖灌木丛(根)、丛生竹根按"丛"计算,挖散生竹根以"株"计算。

(3)起挖、栽植片植灌木定额项目按设计图示面积以"m²"计算,单排绿篱定额项目按栽植长度以"m"计算,其余以"株"计算。

(4)起挖、栽植乔木、散生竹、苗木假植以"株"计算,起挖丛生竹以"丛"计算,起挖地被植物、露地花卉以"m²"计算。

(5)清除草皮、地被植物、砍挖芦苇及根、整理绿化用地均按面积以"m²"计算。

(6)成片种植土回(换)填按设计图示回填面积乘以厚度按体积以"m³"计算,否则以单株人工回(换)填土按"株"计算。

2. 清单工程量计算规则

绿地整理(编码:050101)见表4-1。

表4-1　　　　　　　　　　　　绿地整理(编码:050101)

项目编码	项目名称	项目特征	计量单位	工程量计算规则	工作内容
050101001	砍伐乔木	树干胸径	株	按数量计算	1. 砍伐 2. 废弃物运输 3. 场地清理
050101002	挖树根(蔸)	地径	株	按数量计算	1. 挖树根 2. 废弃物运输 3. 场地清理
050101003	砍挖灌木丛及根	丛高或蓬径	1. 株 2. m²	1. 以株计量,按数量计算 2. 以 m² 计量,按面积计算	1. 砍挖 2. 废弃物运输 3. 场地清理
050101004	砍挖竹及根	根盘直径	株(丛)	按数量计算	
050101005	砍挖芦苇(或其他水生植物)及根	根盘丛径	m²	按面积计算	
050101006	清除草皮	草皮种类			1. 除草 2. 废弃物运输 3. 场地清理
050101007	清除地被植物	植物种类			1. 清除植物 2. 废弃物运输 3. 场地清理
050101008	屋面清理	1. 屋面做法 2. 屋面高度		按设计图示尺寸以面积计算	1. 原屋面清扫 2. 废弃物运输 3. 场地清理
050101009	种植土回(换)填	1. 回填土质要求 2. 取土运距 3. 回填厚度 4. 弃土运距	1. m³ 2. 株	1. 以 m³ 计量,按设计图示回填面积乘以回填厚度以体积计算 2. 以株计量,按设计图示数量计算	1. 土方挖、运 2. 回填 3. 找平、找坡 4. 废弃物运输
050101010	整理绿化用地	1. 回填土质要求 2. 取土运距 3. 回填厚度 4. 找平找坡要求 5. 弃渣运距	m²	按设计图示尺寸以面积计算	1. 排地表水 2. 土方挖、运 3. 耙细、过筛 4. 回填 5. 找平、找坡 6. 拍实 7. 废弃物运输
050101011	绿地起坡造型	1. 回填土质要求 2. 取土运距 3. 起坡平均高度	m³	按设计图示尺寸以体积计算	1. 排地表水 2. 土方挖、运 3. 耙细、过筛 4. 回填 5. 找平、找坡 6. 废弃物运输

(续表)

项目编码	项目名称	项目特征	计量单位	工程量计算规则	工作内容
050101012	屋顶花园基底处理	1. 找平层厚度、砂浆种类、强度等级 2. 防水层种类、做法 3. 排水层厚度、材质 4. 过滤层厚度、材质 5. 回填轻质土厚度、种类 6. 屋面高度 7. 阻根层厚度、材质、做法	m²	按设计图示尺寸以面积计算	1. 抹找平层 2. 防水层铺设 3. 排水层铺设 4. 过滤层铺设 5. 填轻质土壤 6. 阻根层铺设 7. 运输

注:整理绿化用地项目包含厚度<300 mm 回填土,厚度>300 mm 回填土,应按现行国家标准《房屋建筑与装饰工程工程量计算规范》(GB 50854—2013)相应项目编码列项。

4.2.4 工程计量与计价案例分析

【例 4-1】 某校园绿地由于改建的需要,需将图 4-3 所示绿地上的植物进行挖掘、清除(植物名录见表 4-2),试计算分部分项工程量清单综合单价。

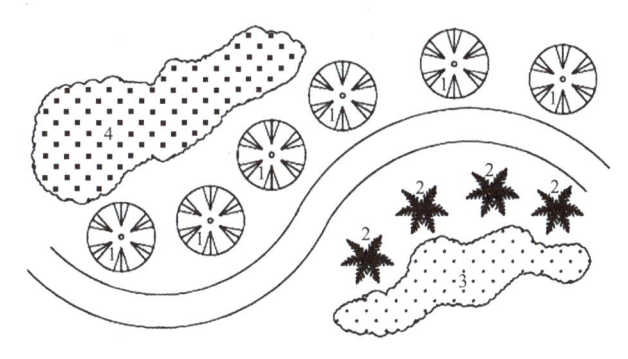

图 4-3 某校园局部绿地示意图
1—芒果;2—大王椰;3—毛杜鹃;4—竹林

表 4-2　　　　　　　　　植物名录表

序号	名称	单位	数量	规格
1	芒果	株	6	胸径 20 cm
2	大王椰	株	4	地径 45 cm
3	毛杜鹃	m²	20	16 株/m²,高 0.9 m
4	竹林	丛	30	根盘丛茎 0.8 m

解:砍伐乔木:芒果 6 株,胸径 20 cm(地径>20 cm);大王椰 4 株,地径 45 cm。
清除地被植物:毛杜鹃 20 m²,高 0.9 m,种植密度 16 株/m²。
砍挖竹及根:30 丛,根盘丛茎 0.8 m(挖坑深度 1 m 考虑)。
分部分项工程量清单与计价表见表 4-3、综合单价分析见表 4-4。

表 4-3 分部分项工程清单与计价表

工程名称：规范清单计价\单项工程【绿地整理】 标段：

序号	项目编码	项目名称	项目特征描述	计量单位	工程量	金额/元				
						综合单价	合价	定额人工费	其中 定额机械费	暂估价
1	050101001001	砍伐芒果树	胸径 20 cm（地径＞20 cm）	株	6	104.73	628.38	223.80	191.94	
2	050101001002	砍伐大王椰	地径 45 cm	株	4	447.94	1 791.76	523.88	685.92	
3	050101007003	清除地被植物	毛杜鹃 20 m²，高 0.9 m，种植密度 16 株/m²	m²	20	4.11	82.20	42.20	11.80	
4	050101004004	砍挖竹及根	根盘丛茎 0.8 m（挖坑深度 1 m 考虑）	丛	30	19.68	590.40	282.60	107.70	
		合 计					3 092.74	1 072.48	997.36	

表 4-4 综合单价分析表

工程名称：规范清单计价\单项工程\【绿地整理】　　标段：　　第1页　共3页

项目编码	(2)050101001002	项目名称	砍伐大王椰	计量单位	株	工程量	4
			清单综合单价组成明细				
定额编号	定额项目名称	定额单位	数量	单价/元			
				人工费	材料费	机械费	管理费	利润
EA0009	砍伐乔木 胸径≤45cm 运距1km以内	100株	0.01	14 809.86	193.51	17 148.21	3 850.19	792.22

				合价/元			
				人工费	材料费	机械费	管理费	利润
				148.10	1.94	171.48	38.50	87.92
小计				148.10	1.94	171.48	38.50	87.92
未计价材料费								
清单项目综合单价				447.94				

材料费明细	主要材料名称、规格、型号	单位	数量	单价/元	合价/元	暂估单价/元	暂估合价/元
	汽油	L	0.298	6.50	1.94	—	—
	其他材料费			—	1.94	—	
	材料费小计			—	1.94	—	

表 4-4

工程名称：规范清单计价\单项工程【绿地整理】　　　　　　　　　　　　　　　　　　第 2 页　共 3 页

综合单价分析表

项目编码	(3)050101007003	项目名称	清除地被植物		计量单位	m^2	工程量	20
清单综合单价组成明细								
定额编号	定额项目名称	定额单位	数量	单价/元				
				人工费	材料费	机械费	管理费	利润
EA0063	清除地被植物、露地花并运距 1 km 以内	100 m^2	0.01	238.42		59.44	34.41	78.57
				合价/元				
				人工费	材料费	机械费	管理费	利润
				2.38		0.59	0.34	0.79
小计				2.38		0.59	0.34	0.79
未计价材料费								
清单项目综合单价								4.11
材料费明细	主要材料名称、规格、型号		单位	数量	单价/元	合价/元	暂估单价/元	暂估合价/元
					—		—	
					—		—	
	其他材料费				—		—	
	材料费小计				—		—	

表 4-4

综合单价分析表

工程名称：规范清单计价\单项工程【绿地整理】　　　　标段：　　　　第 3 页　共 3 页

项目编码	(4)050101004004		项目名称		砍挖竹及根		计量单位		株(丛)		工程量		30
清单综合单价组成明细													
定额编号	定额项目名称	定额单位	数量	单价/元					合价/元				
				人工费	材料费	机械费	管理费	利润	人工费	材料费	机械费	管理费	利润
EA0057	砍挖丛生竹类根盘丛径≤80 cm 运距 1km 以内	100 丛	0.01	1 065.08		358.94	165.59	378.15	10.65		3.59	1.66	3.78
小计									10.65		3.59	1.66	3.78
未计价材料费													
清单项目综合单价									19.68				
材料费明细	主要材料名称、规格、型号						单位	数量	单价/元	合价/元	暂估单价/元		暂估合价/元
	其他材料费								—		—		
	材料费小计								—		—		

4.3 栽植花木

4.3.1 栽植花木概述

栽植(Planting)是指种植秧苗、树苗或大树的作业。栽植包括移植和定植,也分为裸根栽植和带土球移植。裸根栽植,以根部不带土的幼苗直接栽植,多用于落叶乔、灌木和宿根草本植物,带土球移植多用于常绿树木和一年生草本植物。

1. 分类

树木的栽植方法有多种,要根据树种的习性、发育状态及生长环境等采取合适的种植方法。裸根栽植和带土球移植是常见的栽种方法,特点如下:

(1)裸根栽植。此法多用于常绿树小苗及大多落叶树种。裸根栽植的关键在于保护好根系的完整性,骨干根不可太长,侧根、须根尽量多带。从掘苗到栽植期间,务必保持根部湿润、防止根系失水干枯。根系打浆是常用的保护方式之一,可提高移栽成活率20%。

(2)带土球移植。常绿树种及某些裸根栽植难于成活的树种,如板栗、长山核桃、七叶树、玉兰等,多使用带土球移植;大树栽植和生长季栽植亦要求带土球进行以提高成活率。

带土球移植比较麻烦的一点就是运输包装,如果运距较近,可以省略一些包装手续,只要确保土球标准大小达标而且不致散裂就行。对直径在30 cm以下的小土球,可采用束草或塑料布简易包扎,栽植时拆除即可。若土球较大,使用蒲包包装时,只需稀疏捆扎蒲包,栽植时剪断草绳撤出蒲包物料,以使土壤接通,以便于新根萌发、吸收水分和营养。

2. 栽植步骤

(1)土地准备:主要是整地和挖穴。整地包括平地、加厚土层或更换好土和施基肥。挖穴面积要适当大于根幅,圆形或正方形穴均可。

(2)起苗:起苗时应注意保护根系,根据苗木和保留根幅的大小起苗,切断过长的主侧根。起苗后立即将根部蘸上泥浆。带土球的苗应根据土球规格起苗,保持土球光滑无裂缝,并进行包装。

(3)假植:裸根苗在起苗后不能及时栽植时,应用土埋根。假植分临时假植和越冬假植。

(4)包装:为保护根和枝叶,保证成活率,起苗后应及时包装。运输时采取降温、保湿和遮阴等措施,避免苗木发热或失水。栽植前应分级剔除病虫害苗、弱苗和受伤苗,并进行药剂处理。

(5)栽植:包括填土、提苗、踩实等作业。栽植后应及时浇水,有的还设遮阴棚、搭架或风障,保证成活率。

3. 栽植技术

(1)灌木栽植技术(图4-4)

①土壤处理要求

土壤处理:种植前以进行控制土壤传播病菌、地下害虫及在土壤中的害虫为主的杀菌灭虫的处理和除草处理。

场地初平:对标段表层 40 cm 内的土壤进行初步深翻。

土壤施肥:表层施肥以施基层为主,可采用发酵干鸡粪粉末施入。

土壤消毒、杀菌:本标段土壤均系就地回填土。

土壤灭虫:主要杀灭寄生虫在土壤内的地下害虫。

整地:按设计标高平整地形,整理出排水坡度。自然地形按自然起伏坡度整地,但应注意不得有积水处。

灌木栽植前,需挖土整地,捣碎土块。捡净砖石、瓦块、玻璃碴、草根等杂物。挖土深度为 30~40 cm,并施加适量有机肥混合翻耕。

图 4-4　灌木栽植

②灌木种植要求

植前要进行场地初平,其目的是依据设计要求对苗木栽植位置进行有效控制,然后挖坑、挖槽,有必要时进行局部换土,得到一个质地疏松、透气、平整、排水良好、适于灌木生长的坪床。调整土壤酸度,使 pH 在适宜苗木生长的范围内。

③苗木质量要求

灌木的质量标准:根系发达,生长茁壮,无严重病虫害,灌丛匀称,枝条分布合理,有主干的灌木主干应明显。

④栽植

定点放线:栽植前要定点放线。定点放线要以设计提供的标准点为依据;应符合设计图纸要求,位置要准确,标记要明显。

苗木运输:装、运、卸和假植苗木的各环节应保护好苗木,轻拿、轻放,必须保证根系和土球的完好,严禁摔打。

种植:种植的苗木品种、规格、位置、树种搭配应严格按设计施工。种植苗木的本身应保持与地面垂直,不得倾斜。

浇水:新植树栽后 24 h 内浇第一遍水,此次水量不宜过大、应浇透,之后转入后期养护。

种植的深浅应合适,一般与原土痕平或略高于地面 5 cm 左右。种植的位置应选好主要观赏的方向,并照顾朝阳面,一般树应尽量避免迎风,种植时要栽正扶植,树冠主尖与根在一条垂直线上。

(2)乔木栽植技术(图 4-5)

①选树

选择树形姿态优美、生长旺盛的植株,其主干应通直,树冠匀称,根系发达,并且切根,移植无病虫害苗木。

②平衡修剪

采用疏枝修剪法,修去树冠内重叠枝、内枝、平行枝、徒长枝,对主枝适当短截至饱满芽处(修剪短 1/3),使地上部分减少水分消耗,协调"供需"平衡,这样既可保证成活,又可保证日后形成具有优美骨架的树形,可用疏技或去部分叶径的办法来减少蒸腾。同时嫩梢、果实必须全部剪去。

图 4-5 乔木栽植

③移植时间

选择苗本适应最佳时间,确保成活率,移植时尽量选择在阴而无雨、晴而少风的天气进行。

④挖掘、包装、运输

为减少植株水分蒸发,应采用可靠的挖掘包装方法,确定泥球不落,不松散,挖掘过程尽量减少须根的损伤,有利于移植后植株的成活,实行单根作业,确保所选树木与挖掘树木相同,以防假土球,控制方法如下:

a.植株叶面喷 PVO 叶面蒸腾抑制剂,减少植株水分消耗,同时不影响植株正常的呼吸和光合作用。

b.铲除根部浮土 10 cm 左右,从切根环状沟外侧稍远处开挖,至垂直深度 80 cm 止,然后采用双层网络法对土球进行包扎,如遇土壤干旱,须在挖掘前几天灌水,以免土球松散,选用50 t吊机,确保吊机的起重量和高度,捆绑采用大树吊带,防止损伤树皮,损裂泥球,吊装司机应有丰富吊装经验,必须服从指挥员指挥,做到慎起、缓落、轻放,严禁晃动碰撞,吊上运输车时树冠应搁置在预制的凹架上。用紧索器固定在车上,防止水分蒸发过多。树木吊袋到穴后,修去新枝,竖直树身,进行临时固定。

⑤挖穴、土壤处理

树穴深度应比土球深20 cm,宽40 cm,并在树穴内填入约20 cm厚的营养土(含有腐热的有机肥料)保证养分充足。挖穴应人工进行。

⑥种植技术方法

a.选择树冠丰满的一面朝向主要观赏方向,种植前做好充分的准备工作,做到移栽一次成功,防止重复移栽造成根须树形的损坏。

b.栽植深度以土球上表面比地表略高为标准,并对树根喷洒生根水,采用"提根"法种植,保证土球根须有足够的生长空间,这样可防止浇灌或雨水过多造成根须腐根坏死,影响成活率。

c.树木支稳后.拆除包装物,加入疏松的营养土并浇洒适量水分后回填并夯实,每层土夯实一层。

d.种植完毕后,进行二次修剪,将固定运输、吊装造成破坏的断枝、平行枝、内膛枝、重叠枝进行修剪,减少水分蒸发,提高成活率。

⑦支撑绑扎

a.大规格树木采用高位、低位支撑结合的方法提高稳定性。小规格树木采用三角支撑和十字支撑方法,防风可用8#铁丝固定木桩上,木桩入地1 m,防止树身过度晃动导致根须拉断,十字桩支撑防止土球移位。

b.在树杆上进行涂漆,统一绑扎高度以达到美观效果。

c.大规格落叶乔木支撑绑扎后,搭建支架、架设防晒网,可以减少水分蒸腾。

⑧养护管理

a.移栽后应立即浇水。要浇透根部,遍浇叶须和枝条。初次浇水不宜过急,树穴外缘用细土培成"酒酿潭",浇水量要足,培土封堰。

b.在根部覆盖一层充分腐热的肥料土,起冬季保暖作用。

c.用草绳包扎树干并进行叶面喷雾,可减少叶面水分蒸发,维持苗木体内水分平衡。

4.3.2 定额计算说明

(1)绿化工程以原土回填为准,如需换土(将树木不易成活的原坑土移出使用,再运种植土到坑边),按"换土"子目计算,以人工换土运土的水平运输距离≤50 m考虑,超运费按2020年《四川省建设工程工程量清单计价定额——房屋建筑与装饰工程》中"土石方工程"相应定额项目计算。

(2)定额起挖或栽植带土球乔(灌)木、竹类子目中草绳的材料消耗量,主要用于包扎土球根盘及支撑绑扎。

(3)垂直墙体绿化种植按栽植攀缘植物相应项目执行;花卉立体布置按栽植花卉相应项目执行;箱/钵栽植的栽植土壤按回填土项目执行,其栽植按相应"栽植项目"执行。

(4)在坡度大于30°起挖、栽植、养护花草树木及盆花布置时按相应定额项目人工费乘以相应系数(边坡绿化生态工程除外),垂直墙体绿化、高架桥绿化的栽植、养护按相应定额项目人工、机械乘以相应系数。

(5)"挖草皮"指人工培植的草皮。如零星自找草皮,找草皮的费用按实际计算。

(6)定额未包括苗木花卉的价格,苗木花卉的价格应另行计算。

(7)起挖、栽植带土球乔、灌木定额项目已综合考虑土球、土台的施工方法和土球(土台)的大小,实际使用不做调整。

(8)起挖、栽植苗木的胸径、冠径按设计要求确定。分枝点小于0.3 m的乔木按冠幅规格执行灌木相应定额项目,分枝点在0.3～1.3 m无法测量胸径或设计为丛生乔木的以折合胸径计算:

分枝点在0.3～1.3 m无法测量胸径的乔木折合胸径:干径≤20 cm,胸径=干径-2 cm;20 cm<干径≤35 cm,胸径=干径-4 cm;35 cm<干径≤55 cm,胸径=干径-5 cm。

丛生乔木折合胸径=最大主干胸径+(Σ其余主干胸径)/2。

(9)灌木种植密度≤9株/m^2,执行单株灌木栽植定额项目;种植密度>9株/m^2,执行成片灌木栽植定额项目;单排灌木种植密度≤3株/m^2,执行单株灌木栽植定额项目;单排灌木种植密度>3株/m^2,执行单排绿篱定额项目。

(10)已列项的地被植物按相应定额项目执行;未列项的地被植物执行其他地被植物定额项目。

(11)灌木(花)籽与草籽混合在一起撒播时按草坪籽播种定额执行;待灌木(花)籽出苗后才撒播草籽的,用人工乘以相应系数。

(12)大规格树木移植和古树名木的保护性移植应符合国家及省行政主管部门有关规定。超出定额项目规格上限的植物计价,由甲、乙双方在合同中约定。

(13)栽植花木项目中带土球花木的包扎材料,定额按草绳、麻袋(片)综合考虑,使用稻草、塑料编织袋(片)和塑料简易花盆等包扎者,均按定额执行,不得换算。

(14)绿化工程包括种植前的准备和种植过程中的工料、机械费用。起挖带土球乔木、灌木及挖树坑土方的人工费已包括在各子目内,不得另行计算。

(15)绿化工程已包括施工后绿化地周围宽度≤2 m的清理工作,不包括种植前清除垃圾及其他障碍物,障碍物及种植前后的垃圾场外运输应另行计算。

(16)植物水平运输运距超过100 m时,每超过10 m按对应规格栽植定额项目人工费增加计算,不足10 m按10 m计算。垂直运输人工搬运花木(不包括电梯搬运),其运输费每搬运垂直距离10 m,按相应定额项目人工费计算。

(17)定额不包括:非适宜地树种的栽植、养护及反季节的栽植、养护;古树、名木的栽植、养护;高架绿化的栽植、养护。

4.3.3 工程量计算规则

1.定额工程量计算规则

(1)栽植攀缘植物、单植花卉及灌木、水生植物(除漂浮水生植物以"m^2"计算外)均按"株(丛)"计算。

(2)栽植地被植物、花卉和铺种草皮均按实铺面积以"m^2"计算。

(3)植草砖内植草、播草籽按植草砖面积以"m^2"计算。

(4)绿化养护

①乔木及单植的灌木、花卉、竹类、球形植物、攀缘植物等养护均按"株(丛)·月"计算。

②片植的灌木、绿篱、花卉、地被植物、草坪的养护均按面积以"m^2·月"计算。

③单排绿篱的养护按"m·月"计算。

④树身涂白按定植的年限以"株"计算。

⑤树体输液按"组"计算(一个输液袋加一套或多套管线为一组)。

(5)边坡绿化生态工程

①边坡挂网按斜坡面积以"m^2"计算。

②现浇混凝土框架梁按设计图示梁的尺寸以"m^3"计算,模板按与混凝土的接触面积计算。

③边坡喷播植草、喷厚层基材灌木护坡按设计图示斜坡喷播净面积以"m^2"计算。

④边坡生态袋按设计图示体积以"m^3"计算。

2. 清单工程量计算规则

栽植花木(编码:050102)见表4-5。

表4-5　　　　　　　　栽植花木(编码:050102)

项目编码	项目名称	项目特征	计量单位	工程量计算规则	工作内容
050102001	栽植乔木	1.种类 2.胸径或干径 3.株高、冠径 4.起挖方式 5.养护期	株	按设计图示数量计算	1.起挖 2.运输 3.栽植 4.养护
050102002	栽植灌木	1.种类 2.根盘直径 3.冠丛高 4.蓬径 5.起挖方式 6.养护期	1.株 2.m^2	1.以株计量,按设计图示数量计算 2.以m^2计量,按设计图示尺寸以绿化水平投影面积计算	
050102003	栽植竹类	1.竹种类 2.竹胸径或根盘丛径 3.养护期	株(丛)	按设计图示数量计算	
050102004	栽植棕榈类	1.种类 2.株高、地径 3.养护期	株		
050102005	栽植绿篱	1.种类 2.篱高 3.行数、蓬径 4.单位面积株数 5.养护期	1.m 2.m^2	1.以m计量,按设计图示长度以延长米计算 2.以m^2计量,按设计图示尺寸以绿化水平投影面积计算	

(续表)

项目编码	项目名称	项目特征	计量单位	工程量计算规则	工作内容
050102006	栽植攀缘植物	1. 植物种类 2. 地径 3. 单位长度株数 4. 养护期	1. 株 2. m	1. 以株计量，按设计图示数量计算 2. 以 m 计量，按设计图示种植长度以延长米计算	1. 起挖 2. 运输 3. 栽植 4. 养护
050102007	栽植色带	1. 苗木、花卉种类 2. 株高或蓬径 3. 单位面积株数 4. 养护期	m²	按设计图示尺寸以绿化水平投影面积计算	1. 起挖 2. 运输 3. 栽植 4. 养护
050102008	栽植花卉	1. 花卉种类 2. 株高或蓬径 3. 单位面积株数 4. 养护期	1. 株（丛、缸） 2. m²	1. 以株（丛、缸）计量，按设计图示数量计算 2. 以 m² 计量，按设计图示尺寸以水平投影面积计算	
050102009	栽植水生植物	1. 植物种类 2. 株高或蓬径或芽数/株 3. 单位面积株数 4. 养护期	1. 丛（缸） 2. m²		
050102010	垂直墙体绿化种植	1. 植物种类 2. 生长年数或地(干)径 3. 栽植容器材质、规格 4. 栽植基质种类、厚度 5. 养护期	m² m	1. 以 m² 计量，按设计图示尺寸以绿化水平投影面积计算 2. 以 m 计量，按设计图示种植长度以延长米计算	1. 起挖 2. 运输 3. 栽植容器安装 4. 栽植 5. 养护
050102011	花卉立体布置	1. 草本花卉种类 2. 高度或蓬径 3. 单位面积株数 4. 种植形式 5. 养护期	1. 单体（处） 2. m²	1. 以单体（处）计量，按设计图示数量计算 2. 以 m² 计量，按设计图示尺寸以面积计算	1. 起挖 2. 运输 3. 栽植 4. 养护
050102012	铺种草皮	1. 草皮种类 2. 铺种方式 3. 养护期	m²	按设计图示尺寸以绿化投影面积计算	1. 起挖 2. 运输 3. 铺底砂（土） 4. 栽植 5. 养护
050102013	喷播植草（灌木）籽	1. 基层材料种类规格 2. 草（灌木）籽种类 3. 养护期			1. 基层处理 2. 坡地细整 3. 喷播 4. 覆盖 5. 养护

(续表)

项目编码	项目名称	项目特征	计量单位	工程量计算规则	工作内容
050102014	植草砖内植草	1. 草坪种类 2. 养护期	m²	按设计图示尺寸以绿化投影面积计算	1. 起挖 2. 运输 3. 覆土（砂） 4. 铺设 5. 养护
050102015	挂网	1. 种类 2. 规格	m²	按设计图示尺寸以挂网投影面积计算	1. 制作 2. 运输 3. 安放
050102016	箱/钵栽植	1. 箱/钵体材料品种 2. 箱/钵外形尺寸 3. 栽植植物种类、规格 4. 土质要求 5. 防护材料种类 6. 养护期	个	按设计图示箱/钵数量计算	1. 制作 2. 运输 3. 安放 4. 栽植 5. 养护

注：1. 挖土外运、借土回填、挖(凿)土(石)方应包括在相关项目内。
　　2. 苗木计算应符合下列规定：
　　　(1) 胸径应为地表面向上 1.2 m 高处树干直径。
　　　(2) 冠径又称冠幅，应为苗木冠丛垂直投影面的最大直径和最小直径之间的平均值。
　　　(3) 蓬径应为灌木、灌丛垂直投影面的直径。
　　　(4) 地径应为地表面向上 0.1 m 高处树干直径。
　　　(5) 干径应为地表面向上 0.3 m 高处树干直径。
　　　(6) 株高应为地表面至树顶端的高度。
　　　(7) 冠丛高应为地表面至乔(灌)木顶端的高度。
　　　(8) 篱高应为地表面至绿篱顶端的高度。
　　　(9) 养护期应为招标文件中要求苗木种植结束后承包人负责养护的时间。
　　3. 苗木移(假)植应按花木栽植相关项目单独编码列项。
　　4. 土球包裹材料、树体输液保湿及喷洒生根剂等费用包含在相应项目内。
　　5. 墙体绿化浇灌系统按绿地喷灌相关项目单独编码列项。
　　6. 发包人如有成活率要求时，应在特征描述中加以描述。

4.3.4　工程计量与计价案例分析

【例 4-2】　某绿化工程栽植花木平面图如图 4-6 所示，植物名录见表 4-6，试计算分部分项工程量清单综合单价。已知场地土壤类型为二类，要求换土厚度为 30 cm，养护期为 1 年，乔木需要用树棍桩三脚桩支撑。

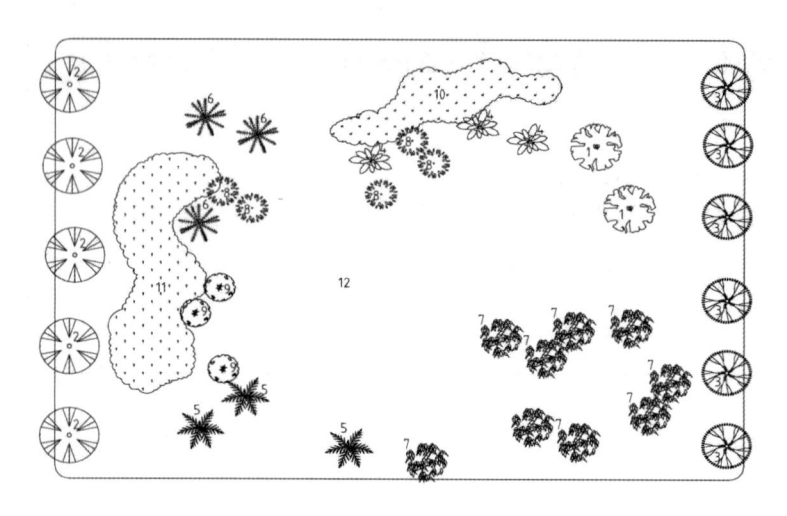

图 4-6　栽植花木平面图

表 4-6　　　　　　　　　　　植物名录

序号	名称	单位	数量	规格/cm 高度	规格/cm 胸径/地径	规格/cm 冠幅	备注
1	白兰	株	2	300～400	10	150～200	地苗
2	芒果	株	5	300～400	10	150～200	地苗
3	扁桃	株	6	450～500	11～12	150～200	容器苗
4	鸡蛋花	株	3	150～200	5～6	100～150	容器苗
5	大王椰	株	3	350～400	50～55	200～250	地苗
6	短穗鱼尾葵	丛	3	220～300		100～150	地苗
7	黄金间碧玉	丛	8	300～350			地苗
8	小花紫薇	株	5	150～160		80～100	假植苗
9	红花继木球	株	3	80～90		70～80	容器苗
10	黄金榕	m²	200	30～35		15～20	密度为25株/m²,小袋苗
11	黄素梅	m²	260	30～35		15～20	密度为30株/m²,小袋苗
12	马尼拉草	m²	2 500	1～2			块状,满铺

解:根据清单工程量计算规则。

(1)栽植乔木:白兰、芒果、扁桃、鸡蛋花。

(2)栽植棕榈类植物:大王椰、短穗鱼尾葵。

(3)栽植竹类:黄金间碧玉。

(4)栽植孤植灌木:小花紫薇、红花继木球。

(5)栽植片植灌木:黄金榕、黄素梅。

(6)铺种草坪:马尼拉草。

分项分部工程量清单与计价表见表 4-7、综合单价分析表见表 4-8 所示。

表 4-7

工程名称：规范清单计价\单项工程【栽植花木】 标段： 第 1 页共 3 页

分部分项工程清单与计价表

序号	项目编码	项目名称	项目特征描述	计量单位	工程量	综合单价	合价	定额人工费	定额机械费	暂估价
		栽植花木								
1	50102001001	栽植乔木（白兰）	1. 种类：乔木，地苗 2. 胸径：10 cm 3. 株高，冠径：300～400 cm，150～200 cm 4. 养护期：一年	株	2	111.48	222.96	123.60	21.62	
2	50102001002	栽植乔木（芒果）	1. 种类：乔木，地苗 2. 胸径：10 cm 3. 株高，冠径：300～400 cm，150～200 cm 4. 养护期：一年	株	5	486.48	2 432.40	309.00	54.05	
3	50102001003	栽植乔木（扁桃）	1. 种类：乔木，容器苗 2. 胸径：5～6 cm 3. 株高，冠径：150～200 cm，100～150 cm 4. 养护期：一年	株	6	899.80	5 398.80	122.52	40.56	
4	50102001004	栽植乔木（鸡蛋花）	1. 种类：乔木，容器苗 2. 胸径：11～12 cm 3. 株高，冠径：450～500 cm，150～200 cm 4. 养护期：一年	株	3	608.67	1 826.01	303.99	116.23	
			本页小计				9 880.17	859.11		

表 4-7

分部分项工程清单与计价表

工程名称：规范清单计价\单项工程【栽植花木】　　标段：　　　　　　　　　　　　　　　第 2 页 共 3 页

序号	项目编码	项目名称	项目特征描述	计量单位	工程量	金额/元			
						综合单价	合价	定额人工费	定额机械费	暂估价
5	5010200400l	大王椰	1. 种类：棕榈木，地苗 2. 胸径：50~55 cm 3. 株高，冠径：350~400 cm，200~250 cm 4. 养护期：一年	株	3	3 718.55	11 155.65	4 540.92	913.65	
6	5010200400 2	短穗鱼尾葵	1. 种类：棕榈木，地苗 2. 株高，冠径：220~300 cm，100~150 cm 3. 养护期：一年	丛	3	189.03	567.09	65.28		
7	5010200300 1	黄金间碧玉	1. 种类：竹类，地苗 2. 株高：300~350 cm 3. 养护期：一年	丛	8	368.35	2 946.80	42.72		
8	5010200200 1	栽植灌木 （小花紫薇）	1. 种类：灌木，假植苗 2. 株高，冠径：150~160 cm，80~100 cm 3. 养护期：一年	株	5	123.35	616.75	26.65		
9	5010200200 2	栽植灌木 （红花继木球）	1. 种类：灌木，容器苗 2. 株高，冠径：80~90 cm，70~80 cm 3. 养护期：一年	株	3	184.20	552.60	7.98		
10	5010200200 3	栽植灌木 （黄金榕）	1. 密度：25株/m²，小袋苗 2. 株高，冠径：30~35 cm，15~20 cm 3. 养护期：一年	m²	200	92.84	18 568.00	2 286.00		
			本页小计				34 406.89	6 969.55	913.65	

表 4-7 分部分项工程清单与计价表

工程名称：规范清单计价\单项工程【栽植花木】　标段：　第 3 页 共 3 页

序号	项目编码	项目名称	项目特征描述	计量单位	工程量	金额/元			
						综合单价	合价	定额人工费	其中
									定额机械费	暂估价
11	50102002004	栽植灌木（黄素梅）	1.密度:30 株/m² 小袋苗 2.株高,冠径:30～35 cm,15～20 cm 3.养护期:一年	m²	260	137.84	35 838.40	2 971.80	
12	50102012001	铺种草坪（马尼拉草）	1.草皮种类:马尼拉草 2.铺种方式:满铺 3.养护期:一年	m²	2 500	35.46	88 650.00	16 825.00	1 029.88
		分部小计					168 775.46	27 625.46	
		本页小计					124 488.40	19 796.80	
		合　计					168 775.46	27 625.46	1 029.88

表 4-8

综合单价分析表

工程名称：规范清单计价\单项工程【栽植花木】　　　　　　　　　　　　　　　　　　　　　　第 1 页　共 12 页

项目编码	(1)50102001001	项目名称	栽植乔木（白兰）	计量单位	株	工程量	2

清单综合单价组成明细

定额编号	定额项目名称	定额单位	数量	单价/元					合价/元				
				人工费	材料费	机械费	管理费	利润	人工费	材料费	机械费	管理费	利润
EA0151	栽植带土球乔木胸径≤10 cm	10 株	0.1	698.87	4.20	108.14	92.44	211.10	69.89	0.42	10.81	9.24	21.11
小计									69.89	0.42	10.81	9.24	21.11
未计价材料费													
清单项目综合单价													111.48

材料费明细	主要材料名称、规格、型号	单位	数量	单价/元	合价/元	暂估单价/元	暂估合价/元
	水	m³	0.15	2.80	0.42	—	—
	其他材料费			—		—	
	材料费小计				0.42		

表4-8 综合单价分析表

工程名称：规范清单计价\单项工程【栽植花木】　　　　标段：　　　　第2页 共12页

项目编码	(2)501020 01002	项目名称	栽植乔木(芒果)		计量单位	株	工程量	5
清单综合单价组成明细									

定额号	定额项目名称	定额单位	数量	单价/元				合价/元			
				人工费	材料费	机械费	管理费	利润	人工费	材料费	机械费	管理费	利润
EA0151	栽植带土球乔木胸径≤10 cm	10株	0.1	698.87	4.20	108.14	92.44	211.10	69.89	0.42	10.81	9.24	21.11
小计									69.89	0.42	10.81	9.24	21.11
未计价材料费										375.00		
清单项目综合单价										486.48		

材料费明细	主要材料名称、规格、型号	单位	数量	单价/元	合价/元	暂估单价/元	暂估合价/元
	芒果树胸径10 cm	株	1	375.00	375.00	—	—
	水	m³	0.15	2.80	0.42	—	—
	其他材料费			—		—	
	材料费小计			—	375.42	—	

表 4-8

综合单价分析表

工程名称：规范清单计价\单项工程【栽植花木】　　　　　标段：　　　　　　　　　　　　　　第 3 页　共 12 页

项目编码	(3)501020001003	项目名称	栽植乔木（扁桃）		计量单位	株		工程量	6
			清单综合单价组成明细						
定额编号	定额项目名称	定额单位	数量	单价/元				合价/元	
				人工费	材料费	机械费	管理费	利润	
									人工费 材料费 机械费 管理费 利润
EA0149	栽植带土球乔木胸径 ≤6 cm	10 株	0.1	230.95	1.68		26.00	59.37	23.10　0.17　　　2.60　5.94
			小计						23.10　0.17　　　2.60　5.94
			未计价材料费						868.00
			清单项目综合单价						899.80
材料费明细	主要材料名称、规格、型号		单位	数量	单价/元	合价/元		暂估单价/元	暂估合价/元
	扁桃胸径 5～6 cm		株	1	868.00	868.00		—	—
	水		m³	0.06	2.80	0.17		—	—
	其他材料费				—			—	
	材料费小计				—	868.17		—	

表 4-8

综合单价分析表

工程名称：规范清单计价\单项工程【栽植花木】　　标段：　　　　　　　　第 4 页　共 12 页

项目编码	(4)501020001004		项目名称	栽植乔木(鸡蛋花)		计量单位	株	工程量	3
				清单综合单价组成明细					
定额编号	定额项目名称	定额单位	数量	单价/元				合价/元	
				人工费	材料费	机械费	管理费	利润	
EA0152	栽植带土球乔木胸径≤12 cm	10 株	0.1	1 145.82	5.60	135.18	146.20	333.86	
	人工费单价		小计	114.58	0.56	13.52	14.62	33.39	
			未计价材料费						
			清单项目综合单价	114.58	0.56	13.52	14.62	33.39	
									608.67
材料费明细	主要材料名称、规格、型号		单位	数量	单价/元	合价/元	暂估单价/元	暂估合价/元	
	鸡蛋花胸径 11~12 cm		株	1	432.00	432.00	—	—	
	水		m³	0.2	2.80	0.56	—	—	
	其他材料费				—		—		
	材料费小计				—	432.56	—		

表 4-8 综合单价分析表

工程名称：规范清单计价\单项工程【栽植花木】　　　标段：　　　第 5 页　共 12 页

项目编码	项目名称	计量单位	工程量
（5）501020004001	大王椰	株	3

清单综合单价组成明细

定额编号	定额项目名称	定额单位	数量	单价/元					合价/元				
				人工费	材料费	机械费	管理费	利润	人工费	材料费	机械费	管理费	利润
EA0163换	栽植带土球乔木胸径≤50 cm	10株	0.1	17 116.25	9 423.65	3 045.54	2 314.56	5 285.49	1 711.63	942.37	304.55	231.46	528.55
小计									1 711.63	942.37	304.55	231.46	528.55
未计价材料费													
清单项目综合单价									3 718.55				

材料费明细	主要材料名称，规格，型号	单位	数量	单价/元	合价/元	暂估单价/元	暂估合价/元
	大王椰胸径 50～55 cm	株	1	931.00	931.00	—	—
	水	m³	4.058 9	2.80	11.36	—	—
	其他材料费			—	0.01	—	—
	材料费小计			—	942.37	—	—

表 4-8 综合单价分析表

工程名称：规范清单计价\单项工程【栽植花木】　　标段：　　第 6 页 共 12 页

项目编码	(6)501020004002		项目名称	短穗鱼尾葵		计量单位	丛		工程量	3
				清单综合单价组成明细						
定额编号	定额项目名称	定额单位	数量	单价/元				合价/元		
				人工费	材料费	机械费	管理费	利润	人工费	材料费	机械费	管理费	利润

定额编号	定额项目名称	定额单位	数量	人工费	材料费	机械费	管理费	利润	人工费	材料费	机械费	管理费	利润
EA0222	栽植棕榈类地径≤15 cm	10 株	0.1	246.02	3.36		27.70	63.24	24.60	0.34		2.77	6.32
小计									24.60	0.34		2.77	6.32
未计价材料费										155.00			
清单项目综合单价										189.03			

材料费明细	主要材料名称、规格、型号	单位	数量	单价/元	合价/元	暂估单价/元	暂估合价/元
	短穗鱼尾葵冠径100～150 cm	丛	1	155.00	155.00	—	—
	水	m³	0.12	2.80	0.34	—	—
	其他材料费			—		—	
	材料费小计			—	155.34	—	

表4-8 综合单价分析表

工程名称：规范清单计价\单项工程【栽植花木】　　标段：　　第7页 共12页

项目编码	(7)50102003001	项目名称		黄金间碧玉		计量单位	丛	工程量	8
				清单综合单价组成明细					
定额编号	定额项目名称	定额单位	数量	单价/元				合价/元	
				人工费	材料费	机械费	管理费	利润	人工费	材料费	机械费	管理费	利润

定额编号	定额项目名称	定额单位	数量	人工费	材料费	机械费	管理费	利润	人工费	材料费	机械费	管理费	利润
EA0216	栽植丛生竹类（根盘丛径）≤30 cm	10丛	0.1	60.38	0.84		6.80	15.52	6.04	0.08		0.68	1.55
小计									6.04	0.08		0.68	1.55
未计价材料费													
清单项目综合单价													368.35

材料费明细	主要材料名称、规格、型号	单位	数量	单价/元	合价/元	暂估单价/元	暂估合价/元
	黄金间碧玉株高300~350 cm	丛	1	360.00	360.00		
	水	m³	0.03	2.80	0.08		
	其他材料费			—		—	
	材料费小计			—	360.08	—	

表 4-8 综合单价分析表

工程名称：规范清单计价\单项工程【栽植花木】　　　标段：　　　第 8 页　共 12 页

项目编码	(8)501020002001	项目名称	栽植单株带土球灌木冠径≤80 cm		计量单位	株	工程量	5

清单综合单价组成明细

定额编号	定额项目名称	定额单位	数量	单价/元					合价/元				
				人工费	材料费	机械费	管理费	利润	人工费	材料费	机械费	管理费	利润
EA0183	栽植单株带土球灌木冠径≤80 cm	10 株	0.1	60.25	1.01		6.78	15.49	6.03	0.10		0.68	1.55
小计									6.03	0.10	—	0.68	1.55
未计价材料费													115.00
清单项目综合单价													123.35

材料费明细	主要材料名称、规格、型号	单位	数量	单价/元	合价/元	暂估单价/元	暂估合价/元
	小花紫薇 株高 150~160 cm	株	1	115.00	115.00	—	—
	水	m³	0.036	2.80	0.10	—	—
	其他材料费			—		—	
	材料费小计			—	115.10	—	

表 4-8

综合单价分析表

工程名称：规范清单计价\单项工程【栽植花木】　　标段：　　　　　　　　　　　　　　　　　　　　　　　　第 9 页　共 12 页

项目编码	（9）50102002002	项目名称	栽植灌木（红花继木球）		计量单位	株	工程量	3

清单综合单价组成明细

定额编号	定额项目名称	定额单位	数量	单价/元					合价/元				
				人工费	材料费	机械费	管理费	利润	人工费	材料费	机械费	管理费	利润
EA0182	栽植单株带土球灌木冠径≤60 cm	10 株	0.1	30.12	0.70		3.39	7.74	3.01	0.07		0.34	0.77
小计									3.01	0.07		0.34	0.77
未计价材料费													
清单项目综合单价													184.20

材料费明细	主要材料名称、规格、型号	单位	数量	单价/元	合价/元	暂估单价/元	暂估合价/元
	红花继木球株高 80~90 cm	m³	0.025	180.00	180.00		
	水		1	2.80	0.07		
	其他材料费			—		—	
	材料费小计			—	180.07	—	

表 4-8 综合单价分析表

工程名称：规范清单计价\单项工程【栽植花木】　　　标段：　　　第 10 页　共 12 页

项目编码	(10)5010202003	项目名称	栽植灌木(黄金榕)		计量单位	m²	工程量	200
			清单综合单价组成明细					
定额编号	定额项目名称	定额单位	数量	单价/元			合价/元	
				人工费	材料费	机械费	管理费	利润	人工费	材料费	机械费	管理费	利润

定额编号	定额项目名称	定额单位	数量	人工费	材料费	机械费	管理费	利润	人工费	材料费	机械费	管理费	利润
EA0204	栽植成片灌木、木本花卉，双排多排绿篱密度(株/m²)≤16	100 m²	0.01	1 292.61	14.00		145.52	332.30	12.93	0.14		1.46	3.32
	小计								12.93	0.14		1.46	3.32
	未计价材料费												
	清单项目综合单价												75.00

材料费明细	主要材料名称、规格、型号	单位	数量	单价/元	合价/元	暂估单价/元	暂估合价/元
	黄金榕株高30~35 cm	m²	1	75.00	75.00	—	—
	水	m³	0.05	2.80	0.14	—	—
	其他材料费			—		—	
	材料费小计			—	75.14	—	92.84

表 4-8

综合单价分析表

工程名称：规范清单计价\单项工程【栽植花木】　　标段：　　　　　　　　　　　　　　　　　　　　　　　第 11 页　共 12 页

项目编码	（11）501020002004	项目名称	栽植灌木（黄素梅）		计量单位	m²	工程量	260

清单综合单价组成明细

定额编号	定额项目名称	定额单位	数量	单价/元					合价/元			
				人工费	材料费	机械费	管理费	利润	人工费	材料费	机械费	管理费	利润
EA0204	栽植成片灌木、木本花卉，双排多排绿篱密度（株/m²）≤16	100 m²	0.01	1 292.61	14.00		145.52	332.30	12.93	0.14		1.46	3.32
	小计								12.93	0.14		1.46	3.32
	未计价材料费												
	清单项目综合单价												120.00

材料费明细	主要材料名称、规格、型号	单位	数量	单价/元	合价/元	暂估单价/元	暂估合价/元
	黄素梅	m²	1	120.00	120.00		
	水	m³	0.05	2.80	0.14		
	其他材料费			—		—	
	材料费小计			—	120.14	—	137.84

表4-8 综合单价分析表

工程名称：规范清单计价\单项工程【栽植花木】　　标段：　　第12页　共12页

项目编码	(12)5010202012001	项目名称	铺种草坪(马尼拉草)	计量单位	m²	工程量	2 500

清单综合单价组成明细

定额编号	定额项目名称	定额单位	数量	单价/元					合价/元				
				人工费	材料费	机械费	管理费	利润	人工费	材料费	机械费	管理费	利润
EA0278	草皮铺种满铺	100 m²	0.01	761.46	3.08		85.72	195.75	7.61	0.03		0.86	1.96
小计									7.61	0.03		0.86	1.96
未计价材料费										25.00			
清单项目综合单价										35.46			

材料费明细	主要材料名称、规格、型号	单位	数量	单价/元	合价/元	暂估单价/元	暂估合价/元
	马尼拉草	m²	1	25.00	25.00	—	—
	水	m³	0.011	2.80	0.03	—	—
	其他材料费					—	—
	材料费小计				25.03	—	—

4.4 绿地灌溉

4.4.1 绿地灌溉概述

灌溉，即用水浇地。灌溉原则是灌溉量、灌溉次数和时间要根据植物需水特性、生育阶段、气候、土壤条件而定，要适时、适量，合理灌溉。灌溉种类主要有播种前灌水、催苗灌水、生长期灌水及冬季灌水等。为了保证作物正常生长，实现高产稳产，必须供给作物以充足的水分。在自然条件下，往往因降水量不足或分布的不均匀，不能满足作物对水分要求。因此，必须人为进行灌溉，以改善天然降雨之不足。

1. 绿地灌溉系统组成

一个完整的灌溉系统一般由水泵、喷头、管网、首部和水源组成。

灌溉系统，是指灌溉工程的整套设施。包括三个部分：

(1)水源(河流、水库或井泉等)及渠道建筑物。

(2)由水源取水输送至灌溉区域的输水系统，包括渠道或管路及其上的隧洞、渡槽、涵洞和倒虹管等；在灌溉区域分配水量的配水系统，包括灌区内部各级渠道及控制和分配水量的节制闸、分水闸、斗门等。

(3)田间临时性渠道。

2. 管道灌溉系统

管道灌溉系统分为喷灌系统、滴灌系统和低压管道输水灌溉系统等，主要由首部取水加压设施、输水管网及灌溉出水装置三部分组成，通常按其固定程度将管道灌溉系统分为固定式、半固定式和移动式三种类型。

3. 绿地灌溉方式

(1)喷灌(图 4-7)

喷灌是由管道将水送到位于田地中的喷头中喷出，有高压和低压的区别，也可以分为固定式和移动式。固定式喷头安装在固定的地方，有些喷头主要用于需要美观的地方，如高尔夫球场、跑马场草地灌溉、公园、墓地等。

图 4-7　喷灌

喷灌的缺点是由于蒸发会损失许多水,尤其在有风的天气时,而且不容易均匀地灌溉整个灌溉面积,水存留在叶面上容易造成霉菌的繁殖,如果灌溉水中有化肥的话,在炎热阳光强烈的天气会造成叶面灼伤。

(2)滴灌(图4-8)

滴灌是将水一滴一滴地、均匀而又缓慢地滴入植物根系附近土壤中的灌溉形式,滴水流量小,水滴缓慢入土,可以最大限度减少蒸发损失,如果再加上地膜覆盖,可以进一步减少蒸发,滴灌条件下除紧靠滴头下面的土壤水分处于饱和状态外,其他部位的土壤水分均处于非饱和状态,土壤水分主要借助毛细管张力作用入渗和扩散。

图4-8 滴灌

如果滴灌时间太长,根系下面可能发生浸透现象,因此滴灌一般都是由高技术的计算机操纵完成,也可由人工操作。滴灌水压低,节水,可以用于对生长不同植物的地区对每棵植物分别灌溉,但对坡地需要有压力补偿的,用计算机可以依靠调节不同地段的阀门来控制,关键是控制调节压力和从水中去除颗粒物,以防堵塞滴灌孔。水的输送一般用黑色塑料管,应覆盖在地膜下面防止生长藻类,也可防止管道由于紫外线的照射而老化。滴灌也可以用埋在地下的多孔陶瓷管完成,但费用较高,仅有时用于草皮和高尔夫球场。

4.4.2 定额计算说明

(1)管道工程量计算,按设计图纸管道中心线计算(不扣除管件、阀门等所占长度)。

(2)土方工程,埋地管的土方开挖、回填。

(3)回填土按管道沟槽挖土体积计算,管径在500 mm以内的不扣除管道所占体积。

(4)水表分规格、连接方式以个计算。

(5)喷头分种类规格以个计算。

(6)给水井砌筑以立方米计算。

(7)UPVC给水管固筑结构按设计图所示计算。

(8)阀门分压力、接口方式、规格等以个计算。

4.4.3 工程量计算规则

1. 定额工程量计算规则

(1)喷灌管线按设计图示管道中心线长度以延长米计算。

(2)喷灌配件按设计图示数量计算。

2. 清单工程量计算规则

绿地喷灌(编码:050103)见表 4-9。

表 4-9　　　　　　　　　　绿地喷灌(编码:050103)

项目编码	项目名称	项目特征	计量单位	工程量计算规则	工作内容
050103001	喷灌管线安装	1.管道品种、规格 2.管件品种、规格 3.管道固定方式 4.防护材料种类 5.油漆品种、刷漆遍数	m	按设计图示管道中心线长度以延长米计算,不扣除检查(阀门)井、阀门、管件及附件所占的长度	1.管道铺设 2.管道固筑 3.水压试验 4.刷防护材料、油漆
050103002	喷灌配件安装	1.管道附件、阀门、喷头品种、规格 2.管道附件、阀门、喷头固定方式 3.防护材料种类 4.油漆品种、刷漆遍数	个	按设计图示数量计算	1.管道附件、阀门、喷头安装 2.水压试验 3.刷防护材料、油漆

注:1.挖填土石方应按现行国家标准《房屋建筑与装饰工程工程量计算规范》(GB 50854—2013)附录 A 相关项目编码列项。

2.阀门井应按现行国家标准《市政工程工程量计算规范》(GB 50857—2013)相关项目编码列项。

4.4.4 工程计量与计价案例分析

【例 4-3】 某公园绿化工程需要安装喷灌设施,按照设计要求,需要从供水管接出 DN40 分管,其长度为 65 m,从管至喷头有 4 根 DN25 的支管,长度共计 90 m,喷头采用旋转喷头 DN50 共 15 个,分管、支管全部采用 UPVC 塑料管,试列出其清单工程量。

解:(1)DN40 管道工程量=65 m。

(2)DN25 管道工程量=90 m。

(3)DN50 旋转喷头工程量=15 个。

清单工程量见如下表 4-10

表 4-10　　　　　　　　工程量清单

项目编码	项目名称	项目特征描述	计量单位	工程量
050103001001	喷灌管线安装 N40	DN40,UPVC 塑料管	m	65
050103001002	喷灌管线安装 N25	DN25,UPVC 塑料管	m	90
050103002001	喷灌配件安装 N50	DN50,旋转喷头	个	15

第4章 绿化工程计量与计价

课后习题

一、填空题

1. 广义的绿化工程是指用来_____或_____的_____,其特点是以_____为手段,塑造_____的形象。
2. 狭义的绿化工程常被称为_____,是指以_____和_____,通过对绿化各个_____的现场施工而使目标园地成为_____的过程,也就是在特定范围内,通过_____将绿化的多个_____进行工程处理,以使园地达到一定的_____和_____,这一工程实施的过程就是绿化工程。
3. 绿化工程按绿化工程概、预算定额的方法将绿化工程划分为_____、_____和_____等。
4. 整理绿化是指施工场地内原有种植土厚度_____的挖、填、运、翻松、耙细、平整,未包括挖土外运、借土回填,整理绿化用地厚度_____的挖填,应另行计算。
5. 清除草皮、地被植物、砍挖芦苇及根、整理绿化用地均按面积以_____计算。
6. 栽植是指种植_____,_____或_____的作业。
7. 灌木种植密度_____,执行单株灌木栽植定额项目;种植密度_____,执行成片灌木栽植定额项目;单排灌木种植密度_____,执行单株灌木栽植定额项目;单排灌木种植密度_____,执行单排绿篱定额项目。
8. 单排绿篱的养护按_____计算。
9. 绿地灌溉方式有_____和_____。
10. 喷头分种类规格以_____计算。

二、名词解释

1. 胸径。
2. 乔木。
3. 灌木。
4. 绿篱。
5. 水生植物。
6. 散铺草坪。
7. 假植。
8. 养护期。

三、简答题

1. 什么是绿化工程?
2. 绿化工程的基本特点有什么?
3. 什么是绿地整理?
4. 栽植花木的步骤是什么?
5. 什么是绿地灌溉系统?

第 5 章 园路、园桥工程计量与计价

5.1 园路、园桥工程概述

5.1.1 园路、园桥工程的概念

园路是园林中的道路,是景观的基本要素之一,包括道路、广场、休闲场所所有的刚性路面。园林道路起着组织空间、引导游览、休息场所的作用,提供交通连接和散步的功能。它像静脉一样,连接各个景区形成了一个整体。

园桥是园林中的桥梁,它是重要的景观。园桥有三重作用:一是架路,其功能是观光路线和交通,并能变换游客的视线观看角度;二是连接的凌空建筑,不仅点缀水景,其本身往往是园林景观,对景观艺术有价值,且往往超过其交通功能;其次,它起到分隔水面、增加水位,赋予景观结构特征,连接道路与水面(水)的中介作用。在景观、桥梁的选址及规划园林道路系统中,水体的分离或聚集,都与水体的大小密切相关。

5.1.2 名词术语

(1)面层:直接在地面以下的各种物理化学作用的面层。
(2)填充层:对地面进行隔音、保温、找坡和暗敷管线作用的结构层。
(3)隔离层:防止建筑地面上各种液体或地下水、潮气渗透等作用的构造层。
(4)保温层:用于停止结构的热传递。
(5)收缩缝:防止水泥混凝土垫层在温度下降时出现不规则收缩裂缝的接缝。
(6)水泥混凝土路面:以水泥混凝土为主要材料做面层的路面。
(7)沥青混合料面:用沥青粘结剂掺入不同矿物集料的粗粒、细粒和沙粒的地板沥青混合料铺装层。
(8)乱铺冰片石:又称碎石板,采用形状不规格的石片在地面上铺贴出纹理,多数为冰裂缝。
(9)桥台:位于桥的两端,与岸衔接,传递桥的推力到岸。
(10)驳岸:园林内人工砌筑的水岸形式,为防止岸坡坍塌而砌筑。可分为自然式和规

则式两种类型。规则式驳岸系用石、砖或混凝土砌筑的整形驳岸,有条石、块石、乱石、虎皮石等,自然式驳岸用山石叠筑,有高低参差错落,趋于自然形态。

5.2 园路、园桥

5.2.1 概述

1. 园路工程

(1)园路结构:园路结构形式有多种,典型的园路结构包含如图5-1所示四个部分。园路的组价主要依据园路结构的组成。

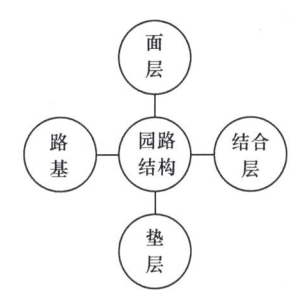

图 5-1 园路结构组成

(2)园路分类(图5-2):根据园林铺装和铺装层铺装材料的不同,可分为花岗石园路、水泥砖园路、鹅卵石园路、彩色混凝土园路,有的园路由多种不同材料混合铺装,组成五颜六色的花纹,这种园路铺装技术要求高,施工难度也较大。下面介绍几种常用的砌块面层铺装方法。

①花岗石园路铺设[图5-2(a)]:园路铺设前,应根据施工图纸的要求选择花岗石尺寸,少量不规则的花岗石应在现场切割。首先选定无棱角不足、裂纹和局部污染颜色的花岗岩,套方检查完好,检查尺寸偏差,如有,应在磨边时进行修正。有的园路路面要铺成花纹设计,选用的花岗石应按不同颜色、不同大小、不同长扁形状分类堆放。对于呈曲线形和弧形的园路,将花岗岩经平面曲线形处理后,整齐堆放不同大小的花岗岩。用不同颜色和不同形状的花岗岩进行编号,便于施工不破碎。

②水泥砖园路铺设[图5-2(b)]:水泥砖采用优质彩色水泥、砂石,经过机械搅拌成型,养护充分,其强度高、耐磨性好、颜色鲜艳、品种多样。水泥砖表面还可以做成浮雕和圆形肋等各种形状。水泥砖园路铺装与花岗岩园路铺装方法相同。水泥砖是机制砖,颜色品种比花岗岩多,因此应按照颜色和花纹分类前铺,有裂纹、脱落、表面缺陷的砖,应予以清除。

③鹅卵石园路铺设[图5-2(c)]:鹅卵石是直径为10~40 mm圆形的石头。鹅卵石园路看起来稳重实用,具有江南园林的风格,常被用作人们健身的场所。仅利用鹅卵石园路往往略显单调,如果在鹅卵石中加入几块天然平石切割,或加入少量彩色鹅卵石,就会好

很多。铺鹅卵石时,要注意鹅卵石的形状、大小、颜色。特别是当与切石板配置时,相互交错的花纹要自然形成,切石与卵石的石材颜色要避免一模一样,以显示园路变化的美感。

④彩色混凝土园路铺设[图 5-2(d)]:彩色混凝土园路的地面是用水泥耐磨材料配制而成的混凝土路面,它是以硅酸盐水泥为基础,以耐磨骨料为基料,加入适量添加剂干拌材料而成。具体工艺流程如下:地面处理→混凝土铺设→振动压实碾平混凝土表面→覆盖第一层颜色加强粉,压实碾平颜色表面→撒模具粉→模具成型→养护→施工水表面晾干养护密封胶,交付使用。

(a)花岗岩园路　　(b)水泥砖园路

(c)鹅卵石园路　　(d)彩色混凝土园路

图 5-2　园路分类

2.园桥工程

(1)园桥结构:如图图 5-3 所示。

图 5-3　园桥结构

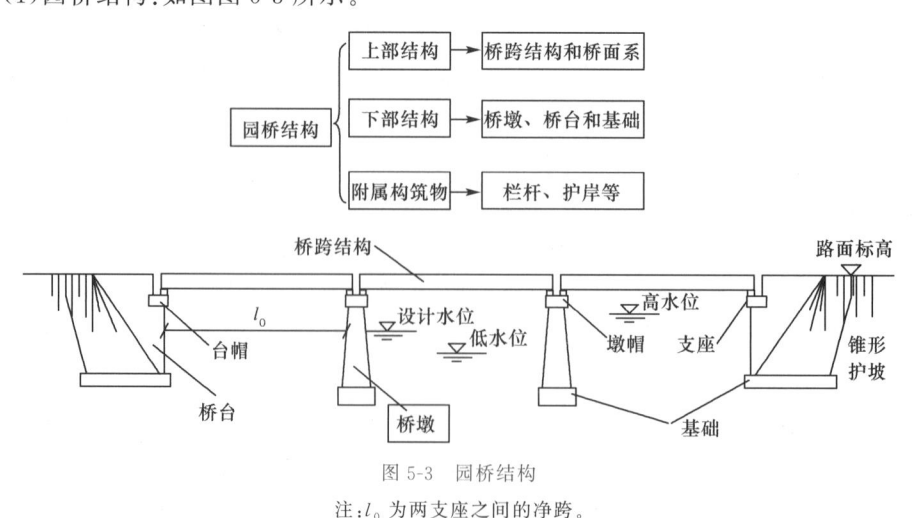

注:l_0 为两支座之间的净跨。

(2)园桥分类：

①平桥：平桥外形简单，有直线形和曲折形，结构有梁式和板式。板式桥适用于较小的跨度，如北京颐和园谐趣园瞩新楼前跨小溪的石板桥，简朴雅致。跨度较大的需设置桥墩或柱，上安木梁或石梁，梁上铺桥面板。曲折形的平桥是中国园林中所特有，不论三折、五折、七折、九折，统称"九曲桥"。其作用不在于便利交通，而是要延长游览行程和时间，以扩大空间感，在曲折中变换游览者的视线方向，做到"步移景异"；也有的用来陪衬水上亭榭等建筑物，如上海城隍庙九曲桥。

②拱桥：拱桥造型优美，曲线圆润，富有动态感。单拱的拱桥如北京颐和园玉带桥，呈抛物线形，桥身采用汉白玉，桥形如垂虹卧波。多孔拱桥适用于跨度较大的宽广水面，常见的多为三、五、七孔，著名的颐和园十七孔桥，长约 150 米，宽约 6.6 米，连接南湖岛，丰富了昆明湖的层次，成为万寿山的对景。河北赵州桥的"敞肩拱"是中国首创，在园林中仿此形式的也有很多。

③亭桥、廊桥：加建亭廊的桥，称为亭桥或廊桥，可供游人遮阳避雨，又增加了桥的形体变化。亭桥如杭州西湖三潭印月，在曲桥中段转角处设三角亭，巧妙地利用了转角空间，给游人以小憩之处；扬州瘦西湖的五亭桥，多孔交错，亭廊结合，形式别致。廊桥有的与两岸建筑或廊相连，如苏州拙政园"小飞虹"；有的独立设廊如桂林七星岩前的花桥。苏州留园曲溪楼前的一座曲桥上，覆盖紫藤花架，成为风格别具的"绿廊桥"。

④吊桥、浮桥：吊桥是以钢索、铁链为主要结构材料（在过去则有用竹索或麻绳的），将桥面悬吊在水面上的一种园桥形式。这类吊桥吊起桥面的方式又有两种：一是全用钢索铁链吊起桥面，并作为桥边扶手；二是在上部用大直径钢管做成拱形支架，从拱形钢管上等距地垂下钢制缆索，吊起桥面。吊桥主要用在风景区的河面上或山沟上面。将桥面架在整齐排列的浮筒（或舟船）上，可构成浮桥。浮桥适用于水位常有涨落而又不便人为控制的水体中。

⑤栈桥与栈道：架长桥为道路是栈桥和栈道的特点。严格来讲，这两种园桥并没有本质上的区别，只不过栈桥更多的是独立设置在水面上或地面上，而栈道则更多地依傍于山壁或岸壁。

⑥汀步：这是一种没有桥面、只有桥墩的特殊的桥，或者也可说是一种特殊的路，是采用线状排列的步石、混凝土墩、砖墩或预制的汀步构件布置在浅水区、沼泽区、沙滩上或草坪上形成的能够行走的通道。

5.2.2 定额计算说明

(1)本定额仅编制了传统做法的园路、园桥、地面，其他做法的园路、园桥、地面应按 2020 年《四川省建设工程工程量清单计价定额——房屋建筑与装饰工程》或 2020 年《四川省建设工程工程量清单计价定额——市政工程》中相关项目计算。

(2)园路地面定额包括结合层，不包括垫层，垫层按 2020 年《四川省建设工程工程量清单计价定额——房屋建筑与装饰工程》相应项目执行计算，其定额人工费乘以系数 1.2。

(3)定额块料面层的规格与设计不同时，可以换算。但定额中所列的结合层砂浆（铺砂)数量不做调整。

(4)路沿、路牙材料与路面相同时,其工料、机械已包括在定额内,若路沿、路牙用料与路面不同时,应另行计算。

(5)砖地面、卵石地面和瓷片地面定额已包括了砍砖、筛选、清选石子、瓷片等工料,不另计算。

(6)"人字纹""席纹"铺砖地面按"拐子锦"定额计算,"龟背锦"按"八方锦"定额计算。拐子锦、八方锦如图5-4所示。

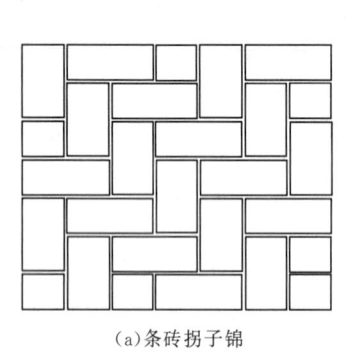

(a)条砖拐子锦　　　　　　(b)八方锦

图 5-4　拐子锦、八方锦

(7)卵石地面用卵石做人物、花鸟、几何等图案的,按拼花定额项目执行。

(8)满铺卵石拼花地面,指用卵石拼花。当在满铺卵石地面中用砖、瓦瓷片拼花时,拼花部分按相应的地面定额计算,定额人工乘以系数1.5。

(9)满铺卵石地面,当需分色拼花时,定额人工乘以系数1.2。

(10)石桥面砂浆嵌缝已包括在定额内,不得另行计算。

(11)亲水(小)码头按园桥相应项目计算。

(12)现代做法的台阶按2020年《四川省建设工程工程量清单计价定额——房屋建筑与装饰工程》相应项目执行。仿古做法的台阶按2020年《四川省建设工程工程量清单计价定额——仿古建筑工程》相应项目执行。

(13)混合类构件园桥按2020年《四川省建设工程工程量清单计价定额——房屋建筑与装饰工程》及2020年《四川省建设工程工程量清单计价定额——通用安装工程》相应项目执行。

(14)木制步桥按防腐木制作安装考虑。

(15)木望柱、木栏板按平直简易型防腐木考虑,实际施工如为斜式,定额人工乘以系数1.1。

(16)栈道木制地楞等按木制步桥相应项目计算,本定额未编制项目按2020年《四川省建设工程工程量清单计价定额——房屋建筑与装饰工程》相应项目执行。

(17)排水沟按2020年《四川省建设工程工程量清单计价定额——房屋建筑与装饰工程》或2020年《四川省建设工程工程量清单计价定额——市政工程》相应项目执行。

(18)树池盖板安装、树池覆盖按2020年《四川省建设工程工程量清单计价定额——

市政工程》相应项目执行。

5.2.3 工程量计算规则

1. 定额工程量计算规则

(1)各种园路按设计图示尺寸以"m^2"计算,园路如有坡度,工程量以斜面积计算。木路桥地楞按设计图示尺寸以"m^3"计算。

(2)园路垫层按设计图示尺寸,两边各加宽50 mm乘以厚度,以"m^3"计算。

(3)踏(蹬)道按设计图示尺寸以水平投影面积计算,不包括路牙。

(4)园桥:基础、桥台、桥墩、护坡均按设计图示尺寸以"m^3"计算;石桥面按展开面积以"m^2"计算。

(5)园路地面应扣除面积>0.5 m^2的佛座、树池、花坛、沟盖板、须弥座、照壁、香炉基座及其他底座所占面积。不扣除牙子所占面积。

(6)墁石子地面不扣除砖、瓦条拼花所占面积。若砌砖芯时,应扣除砖芯所占面积。

(7)卵石拼花、拼字,均按其外接矩形或圆形面积计算。

(8)贴陶瓷片按实铺面积计算,瓷片拼花、拼字按其外接矩形或圆形面积计算,工程量乘以系数0.80。

(9)路牙铺设、树池围牙按设计图示尺寸以延长米计算。

(10)嵌草砖铺装按设计图示尺寸以"m^2"计算,不扣除镂空部分的面积。

(11)拱券石、碹脸石制安按设计图示尺寸以"m^3"计算。

(12)石汀步(步石、飞石)按设计图示尺寸以"m^3"计算。

(13)木梁制安按设计图示尺寸分不同的截面尺寸以体积计算。木龙骨按设计图示尺寸以面积计算,如设计与定额项目所列木龙骨截面尺寸不同,防腐木消耗量可以调整,其他不变。

(14)木质面板制安按设计图示尺寸以面积计算;木桥挂檐板按设计图示尺寸以外围面积计算。

(15)木望柱制安按设计图示尺寸以体积计算;木栏板制安按设计图示尺寸以面积计算,不扣除镂空部分。

(16)木台阶制安按设计图示尺寸以水平投影面积计算。

园路、园桥工程清单工程量计算规则见表5-1。

表 5-1　　　　　　　　园路、园桥工程(编码:050201)

项目编码	项目名称	项目特征	计量单位	工程量计算规则	工作内容
050201001	园路	1.路床土石类别 2.垫层厚度、宽度、材料种类	m^2	按设计图示尺寸以面积计算,不包括路牙	1.路基、路床整理 2.垫层铺筑 3.路面铺筑 4.路面养护
050201002	踏(蹬)道	3.路面厚度、宽度、材料种类 4.砂浆强度等级		按设计图示尺寸以水平投影面积计算,不包括路牙	

(续表)

项目编码	项目名称	项目特征	计量单位	工程量计算规则	工作内容
050201003	路牙铺设	1.垫层厚度、材料种类 2.路牙材料种类、规格 3.砂浆强度等级	m	按设计图示尺寸以长度计算	1.基层清理 2.垫层铺设 3.路牙铺设
050201004	树池围牙、盖板(算子)	1.围牙材料种类、规格 2.铺设方式 3.盖板材料种类、规格	1.m 2.套	1.以米计量,按设计图示尺寸以长度计算 2.以套计量,按设计图示数量计算	1.清理基层 2.围牙、盖板运输 3.围牙、盖板铺设
050201005	嵌草砖(格)铺装	1.垫层厚度 2.铺设方式 3.嵌草砖(格)品种、规格、颜色 4.镂空部分填土要求	m²	按设计图示尺寸以面积计算	1.原土夯实 2.垫层铺设 3.铺砖 4.填土
050201006	桥基础	1.基础类型 2.垫层及基础材料种类、规格 3.砂浆强度等级	m³	按设计图示尺寸以体积计算	1.垫层铺筑 2.起重架搭、拆 3.基础砌筑 4.砌石
050201007	石桥墩、石桥台	1.石料种类、规格 2.勾缝要求 3.砂浆强度等级、配合比	m³	按设计图示尺寸以体积计算	1.石料加工 2.起重架搭、拆 3.墩、台、券石、券脸砌筑 4.勾缝
050201008	拱券石	1.石料种类、规格 2.券脸雕刻要求 3.勾缝要求 4.砂浆强度等级、配合比			
050201009	石券脸		m²	按设计图示尺寸以面积计算	
050201010	金刚墙砌筑		m³	按设计图示尺寸以体积计算	1.石料加工 2.起重架搭、拆 3.砌石 4.填土夯实

(续表)

项目编码	项目名称	项目特征	计量单位	工程量计算规则	工作内容
050201011	石桥面铺筑	1.石料种类、规格 2.找平层厚度、材料种类 3.勾缝要求 4.混凝土强度等级 5.砂浆强度等级	m^2	按设计图示尺寸以面积计算	1.石材加工 2.抹找平层 3.起重架搭、拆; 4.桥面、桥面踏步铺设 5.勾缝
050201012	石桥面檐板	1.石料种类、规格 2.勾缝要求 3.砂浆强度等级、配合比	m^2	按设计图示尺寸以面积计算	1.石材加工 2.檐板铺设 3.铁铜、银锭安装 4.勾缝
050201013	石汀步 (步石、飞石)	1.石料种类、规格 2.砂浆强度等级、配合比	m^3	按设计图示尺寸以体积计算	1.基层整理 2.石材加工 3.砂浆调运 4.砌石
050201014	木制步桥	1.桥宽度 2.桥长度 3.木材种类 4.各部位截面长度 5.防护材料种类	m^2	按桥面板设计图示尺寸以面积计算	1.木桩加工 2.打木桩基础 3.木梁、木桥板、木桥栏杆、木扶手制作、安装 4.连接铁件、螺栓安装 5.刷防护材料
050201015	栈道	1.栈道宽度 2.支架材料种类 3.面层材料种类 4.防护材料种类	m^2	按栈道面板设计图示尺寸以面积计算	1.凿洞 2.安装支架 3.铺设面板 4.刷防护材料

注:1.园路、园桥工程的挖土方、开凿石方、回填等应按现行国家标准《市政工程工程量计算规范》(GB 50857—2013)相关项目编码列项。

2.如遇某些构配件使用钢筋混凝土或金属构件时,应按现行国家标准《房屋建筑与装饰工程工程量计算规范》(GB 50854—2013)或《市政工程工程量计算规范》(GB 50857—2013)相关项目编码列项。

3.地伏石、石望柱、石栏杆、石栏板、扶手、撑鼓等应按现行国家标准《仿古建筑工程工程量计算规范》(GB 50855—2013)相关项目编码列项。

4.亲水(小)码头各分部分项项目按照园桥相应项目编码列项。

5.台阶项目应按现行国家标准《房屋建筑与装饰工程工程量计算规范》(GB 50854—2013)相关项目编码;列项。

6.混合类构件园桥应按现行国家标准《房屋建筑与装饰工程工程量计算规范》(GB 50854—2013)或《通用安装工程工程量计算规范》(GB 50856—2013)相关项目编码列项。

5.2.4 工程计量与计价案例分析

【例 5-1】 根据所给的某园林局部标准段人行道路平面图(图 5-5)和铺装构造详图(图 5-6),道路长 30 m,计算该部分所包含的定额工程量及分部分项工程量清单综合单价。(单位 mm,小数点保留 2 位)

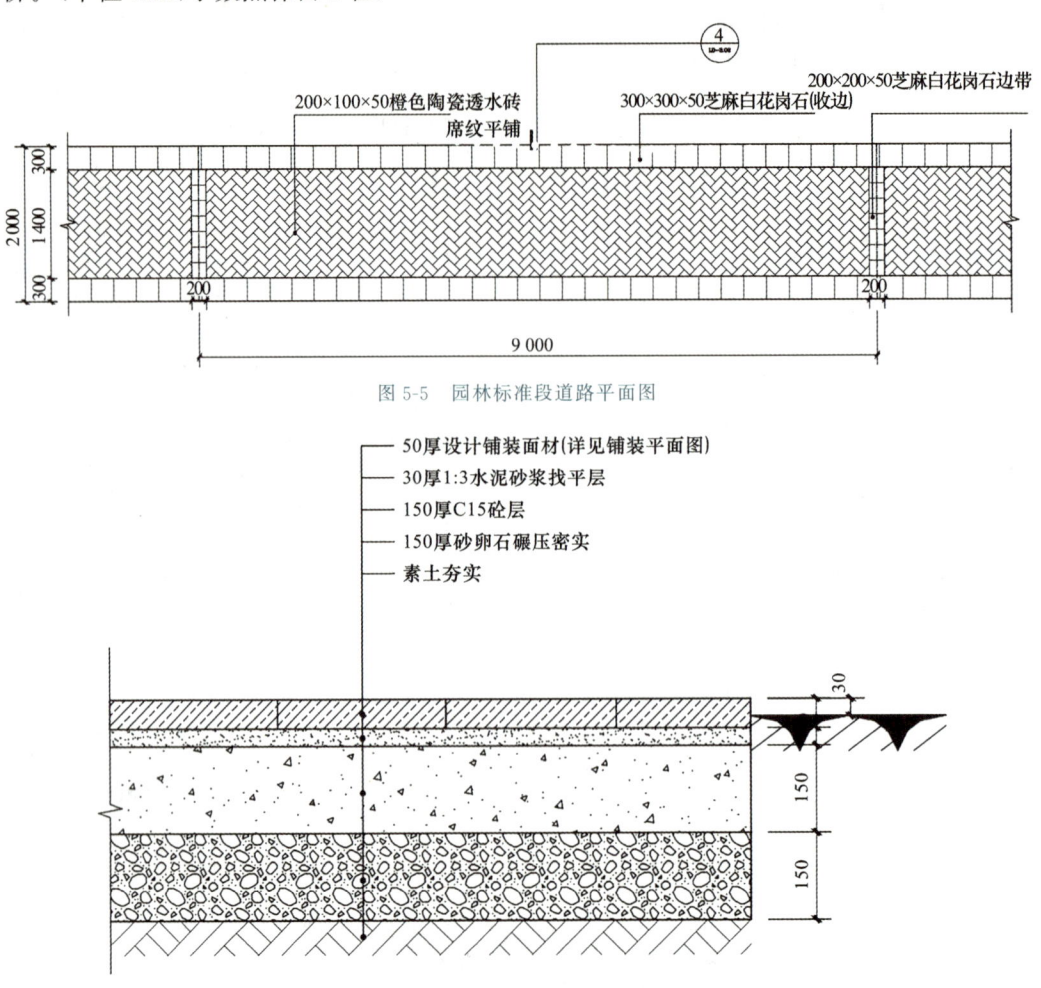

图 5-5 园林标准段道路平面图

图 5-6 铺装构造详图

解:根据清单工程量计算规则:
300×300×50 芝麻白烧面花岗岩(嵌边)$S = 0.3 \times 90 \times 2 = 54$ m²
200×200×50 芝麻白烧面花岗岩边带 $S = 0.2 \times 1.4 \times (90/9+1) = 3.08$ m²
200×100×50 橙色陶瓷透水砖 $S = 1.4 \times 90 = 126$ m²
路床整形:$S = 90 \times 2 = 180$ m²
150 厚 C15 混凝土垫层 $V = 90 \times 2 \times 0.15 = 27$ m³
150 厚砂卵石垫层 $S = 90 \times 2 = 180$ m²
分项分部工程量清单与计价表见表 5-2、综合单价分析表见表 5-3。

表 5-2 分部分项工程清单与计价表

工程名称:规范清单计价\单项工程【园路工程】

标段:

序号	项目编码	项目名称	项目特征描述	计量单位	工程量	金额/元				
						综合单价	合价	定额人工费	其中	
									定额机械费	暂估价
1	040204001001	人行道整形碾压(铺装地面)	1.部位:铺装地面 2.其他:满足设计及规范要求	m^2	180	1.34	241.2	165.6	19.8	
2	040202009001	150 mm厚砂卵石碾压密实	1.材质:砂卵石 2.厚度:150 mm厚 3.其他:满足施工验收及规范要求	m^2	180	31.17	5 610.6	527.4	392.4	
3	010501001001	商品混凝土C15垫层	1.混凝土种类、强度等级:C15商品混凝土 2.混凝土拌合料要求:满足规范要求 3.混凝土拌合料要求:符合规范要求 4.输送方式:综合单价应当包括泵送费用,无论施工期间采用何种砼输送设备、结算时综合单价均不做调整 5.其他:满足设计及规范要求	m^3	27	483.24	13 047.48	783.27	26.73	

(续表)

序号	项目编码	项目名称	项目特征描述	计量单位	工程量	金额/元				
						综合单价	合价	定额人工费	其中	暂估价
									定额机械费	
4	011102001001	50厚芝麻白花岗石	1.部位:综合 2.安装方式:综合考虑 3.面层材料品种、规格、颜色:50厚芝麻白花岗石荔枝面(收边)地面铺装 4.结合层厚度、砂浆配合比:30厚1:3水泥砂浆找平层 5.其他:满足设计反规范要求	m²	57.08	223.36	12 749.39	2 117.67	9.13	
5	011102001002	200×100×50橙色陶瓷透水砖	1.结合层厚度、砂浆配合比:30厚1:3水泥砂浆找平层 2.面层材料品种、规格、颜色:200×100×50陶瓷透水砖(颜色综合) 3.嵌缝材料种类:干拌水泥砂浆扫(勾)缝 4.类型:弧形或直形综合考虑,组合形式满足规范要求,报价时综合考虑,防护处理要求由投标人综合考虑到综合单价中 5.其他:满足规范要求	m²	126	178.21	22 454.46	961.38		
		合 计					54 103.13	4 555.32	448.06	

表 5-3

综合单价分析表

工程名称：规范清单计价\单项工程【园路工程】　　标段：　　第 1 页　共 13 页

项目编码	(1)040204001002	项目名称	人行道整形碾压（铺装地面）	计量单位	m²	工程量	38 132.66

清单综合单价组成明细

定额编号	定额项目名称	定额单位	数量	单价/元				合价/元			
				人工费	材料费	机械费	管理费	利润	人工费	材料费	机械费	管理费	利润
DB0188	路肩及人行道整形碾压	100 m²	0.01	103.81		7.85	11.41	11.40	1.04		0.08	0.11	0.11
人工单价			小计						1.04		0.08	0.11	0.11
			未计价材料费									
			清单项目综合单价						1.34			

材料费明细	主要材料名称、规格、型号	单位	数量	单价/元	合价/元	暂估单价/元	暂估合价/元
				—	—		
				—	—		
	其他材料费			—		—	
	材料费小计			—		—	

表 5-3 综合单价分析表

第 2 页 共 13 页

定额编号	定额项目名称	定额单位	数量	单价/元				合价/元			
				人工费	材料费	机械费	管理费	利润	人工费	材料费	机械费	管理费	利润

定额编号	定额项目名称	定额单位	数量	人工费	材料费	机械费	管理费	利润	人工费	材料费	机械费	管理费	利润
DB0198	C15 混凝土垫层商品混凝土	10 m³	0.1	328.05	4 428.14	9.85	33.16	33.15	32.81	442.82	0.99	3.32	3.32
小计									32.81	442.82	0.99	3.32	3.32
未计价材料费													
清单项目综合单价													483.24

材料费明细	主要材料名称、规格、型号	单位	数量	单价/元	合价/元	暂估单价/元	暂估合价/元
	商品混凝土 C15	m³	1.01	437.17	441.54		
	水	m³	0.24	3.98	0.96		
	其他材料费			—	0.32	—	
	材料费小计			—	442.82	—	

表 5-3 综合单价分析表

清单综合单价组成明细

定额编号	定额项目名称	定额单位	数量	单价/元					合价/元				
				人工费	材料费	机械费	管理费	利润	人工费	材料费	机械费	管理费	利润
DB0084	砂砾石基层压实厚度(cm)20	100 m²	0.01	380.83	3 338.08	162.18	63.02	63.01	3.81	33.38	1.62	0.63	0.63
DB0085 换	砂砾石基层每增减1[单价*(−5),综合费×(−5)]	100 m²	0.01	−50.04			−4.88	−4.87	−0.50			−0.05	−0.05
小计									3.31	33.38	1.62	0.58	0.58
未计价材料费													
清单项目综合单价									31.17				

材料费明细	主要材料名称、规格、型号	单位	数量	单价/元	合价/元	暂估单价/元	暂估合价/元
	连砂石	m³	0.183 8	136.01	25.00		
	水	m³	0.019	3.98	0.08		
	其他材料费			—		—	
	材料费小计			—	25.08	—	

表 5-3 综合单价分析表

第 4 页 共 13 页

定额编号	定额项目名称	定额单位	数量	单价/元				合价/元			
				人工费	材料费	机械费	管理费	利润	人工费	材料费	机械费	管理费	利润
DB0084	砂砾石基层压实厚度(cm)20	100 m²	0.01	380.83	3 338.08	162.18	63.02	63.01	3.81	33.38	1.62	0.63	0.63
	小计								3.81	33.38	1.62	0.63	0.63
	未计价材料费												
	清单项目综合合价												40.07

	主要材料名称、规格、型号	单位	数量	单价/元	合价/元	暂估单价/元	暂估合价/元
材料费明细	连砂石	m³	0.244 78	136.01	33.29		
	水	m³	0.021 5	3.98	0.09		
	其他材料费			—		—	
	材料费小计			—	33.38	—	

表 5-3　　综合单价分析表

定额编号	定额项目名称	定额单位	数量	单价/元					合价/元			
				人工费	材料费	机械费	管理费	利润	人工费	材料费	机械费	管理费	利润
AL0104 换	石材楼地面花岗石 ≤ 800 mm×800 mm 干混砂浆	100 m²	0.01	3 895.83	15 958.60	16.24	545.38	545.37	38.96	159.59	0.16	5.45	5.45
AL0085 换	楼地面找平层干混砂浆 浆厚度每增减厚度 5 mm [单价×3,综合费×3]	100 m²	0.01	299.38	1 022.23		26.42	26.41	2.99	10.22		0.26	0.26
小计									41.95	169.81	0.16	5.71	5.71
未计价材料费													
清单项目综合单价									223.36				

材料费明细	主要材料名称、规格、型号	单位	数量	单价/元	合价/元	暂估单价/元	暂估合价/元
	50 mm 厚芝麻白花岗石荔枝面	m²	1.019 46	146.00	148.84	—	—
	干混地面砂浆 M15	t	0.057 87	349.74	20.24		
	白水泥	kg	0.1	0.575	0.06		
	水	m³	0.009	3.98	0.04		
	其他材料费			—	0.63	—	
	材料费小计			—	169.81	—	

表 5-3　　综合单价分析表

第 6 页　共 13 页

清单综合单价组成明细

定额编号	定额项目名称	定额单位	数量	单价/元					合价/元			
				人工费	材料费	机械费	管理费	利润	人工费	材料费	机械费	管理费	利润
AL0104换	石材楼地面花岗石（≤800 mm×800 mm 干混砂浆）	100 m²	0.01	3 895.83	17 386.60	16.24	545.38	545.37	38.96	173.87	0.16	5.45	5.45
AL0085换	楼地面找平层干混砂浆浆厚度每增减厚度 5 mm [单价×3,综合费×3]	100 m²	0.01	299.38	1 022.23		26.42	26.41	2.99	10.22		0.26	0.26
小计									41.95	184.09	0.16	5.71	5.71
未计价材料费													
清单项目综合单价													237.64

材料费明细	主要材料名称、规格、型号	单位	数量	单价/元	合价/元	暂估单价/元	暂估合价/元
	50 mm 厚芝麻黑花岗石（烧面）	m²	1.018 3	160.00	162.93		
	干混地面砂浆 M15	t	0.057 8	349.74	20.21		
	白水泥	kg	0.1	0.575	0.06		
	水	m³	0.009	3.98	0.04		
	其他材料费			—	0.85	—	
	材料费小计			—	184.09	—	

表 5-3 综合单价分析表

第 7 页 共 13 页

定额编号	定额项目名称	定额单位	数量	单价/元 人工费	单价/元 材料费	单价/元 机械费	单价/元 管理费	单价/元 利润	合价/元 人工费	合价/元 材料费	合价/元 机械费	合价/元 管理费	合价/元 利润
EB0104换	植草砖铺设砂垫层(50 mm厚)	10 m²	0.1	86.90	971.52		8.48	8.47	8.69	97.15		0.85	0.85
小计									8.69	97.15		0.85	0.85
未计价材料费													
清单项目综合单价													107.54

材料费明细	主要材料名称、规格、型号	单位	数量	单价/元	合价/元	暂估单价/元	暂估合价/元
	150厚C20混凝土网状植草地坪	m²	1.020 1	88.00	89.77	—	—
	中粗砂	m³	0.04	179.73	7.19	—	—
	其他材料费				0.19	—	
	材料费小计				97.15	—	

表 5-3 综合单价分析表

清单综合单价组成明细

定额编号	定额项目名称	定额单位	数量	单价/元				合价/元			
				人工费	材料费	机械费	管理费	利润	人工费	材料费	机械费	管理费	利润
AL0104换	石材楼地面花岗石≤800 mm×800 mm 干混砂浆	100 m²	0.01	3 895.83	1 055.53	16.24	545.38	545.37	38.96	10.56	0.16	5.45	5.45
AL0085换	楼地面找平层干混砂浆 浆厚度每增减厚度 5 mm[单价×3,综合费×3]	100 m²	0.01	299.38	1 022.23		26.42	26.41	2.99	10.22		0.26	0.26
	小计								41.95	20.78	0.16	5.71	5.71
	未计价材料费									164.33			164.33
	清单项目综合单价												238.66

	主要材料名称、规格、型号	单位	数量	单价/元	合价/元	暂估单价/元	暂估合价/元
材料费明细	50 mm 厚黄锈石花岗石（荔枝面）	m²	1.020 7	161.00	164.33		
	干混地面砂浆 M15	t	0.057 94	349.74	20.26		
	白水泥	kg	0.1	0.575	0.06	—	—
	水	m³	0.009	3.98	0.04	—	—
	其他材料费			—	0.42	—	
	材料费小计			—	185.11	—	

表 5-3 综合单价分析表

定额编号	定额项目名称	定额单位	数量	单价/元				合价/元			
				人工费	材料费	机械费	管理费	利润	人工费	材料费	机械费	管理费	利润

清单综合单价组成明细

定额编号	定额项目名称	定额单位	数量	人工费	材料费	机械费	管理费	利润	人工费	材料费	机械费	管理费	利润
AL0104 换	石材楼地面 花岗石 ≤ 800 mm×800 mm 干混砂浆	100 m²	0.01	3 895.83	16 468.60	16.24	545.38	545.37	38.96	164.69	0.16	5.45	5.45
AL0085 换	楼地面找平层干混砂浆，砂浆厚度每增减厚度 5 mm[单价×3,综合费×3]	100 m²	0.01	299.38	1 022.23		26.42	26.41	2.99	10.22		0.26	0.26
小计									41.95	174.91	0.16	5.71	5.71
未计价材料费													
清单项目综合单价													228.46

材料费明细	主要材料名称、规格、型号	单位	数量	单价/元	合价/元	暂估单价/元	暂估合价/元
	50 mm 厚芝麻灰花岗石（荔枝面）	m²	1.02	151.00	154.02	—	—
	干混地面砂浆 M15	t	0.057 9	349.74	20.25		
	白水泥	kg	0.1	0.575	0.06		
	水	m³	0.009	3.98	0.04		
	其他材料费			—	0.54	—	
	材料费小计			—	174.91	—	

表 5-3 综合单价分析表

清单综合单价组成明细

定额编号	定额项目名称	定额单位	数量	单价/元					合价/元			
				人工费	材料费	机械费	管理费	利润	人工费	材料费	机械费	管理费	利润
AL0104 换	石材楼地面花岗石≤800 mm×800 mm 干混砂浆	100 m²	0.01	3 895.83	17 998.60	16.24	545.38	545.37	38.96	179.99	0.16	5.45	5.45
AL0085 换	楼地面找平层干混砂浆,砂浆厚度每增减厚度5 mm[单价×3,综合费×3]	100 m²	0.01	299.38	1 022.23		26.42	26.41	2.99	10.22		0.26	0.26
小计									41.95	190.21	0.16	5.71	5.71
未计价材料费													
清单项目综合单价									243.76				

材料费明细	主要材料名称、规格、型号	单位	数量	单价/元	合价/元	暂估单价/元	暂估合价/元
	50 mm 厚芝麻黑花岗石(荔枝面)	m²	1.019 8	166.00	169.29	—	—
	干混地面砂浆 M15	t	0.057 9	349.74	20.25		
	白水泥	kg	0.1	0.575	0.06		
	水	m³	0.009	3.98	0.04		
	其他材料费			—	0.57	—	
	材料费小计			—	190.21	—	

88

表 5-3 综合单价分析表

综合单价组成明细

定额编号	定额项目名称	定额单位	数量	单价/元				合价/元			
				人工费	材料费	机械费	管理费	利润	人工费	材料费	机械费	管理费	利润
DB0172	水泥混凝土路面切缝灌缝沥青砂浆灌缝切(灌)缝宽度(mm)≤4	100 m	0.002 5	568.28	105.11	43.26	60.55	60.55	1.42	0.26	0.11	0.15	0.15
DB0165 换	商品混凝土路面(C30)设计厚度(cm)每增减1[单价×(−17),综合费×(−17)]	100 m²	0.01	−360.44		−22.44	−44.12	−44.11	−3.60		−0.22	−0.44	−0.44
DB0164	商品混凝土路面(C30)设计厚度(cm)20	100 m²	0.01	858.79	167.50	27.31	101.47	101.47	8.59	1.68	0.27	1.01	1.01
	小计								6.41	1.94	0.16	0.72	0.72
	未计价材料费									29.00			
	清单项目综合单价									38.59			

材料费明细	主要材料名称、规格、型号	单位	数量	单价/元	合价/元	暂估单价/元	暂估合价/元
	石油沥青60#	kg	0.015	3.806	0.06		
	滑石粉	kg	0.029	0.35	0.01		
	细砂	m³	0.000 07	189.44	0.01		
	刀片切缝机用,综合	片	0.000 5	320.00	0.16		
	水	m³	0.229	3.98	0.91		
	C25 彩色透水混凝土(骨料洗米石)	m³	0.030 3	957.00	29.00		
	其他材料费			—	0.42	—	
	材料费小计			—	30.57	—	

第 11 页 共 13 页

表5-3　　　　　　　　　　　　综合单价分析表　　　　　　　　　　第12页　共13页

定额编号	定额项目名称	定额单位	数量	单价/元					合价/元				
				人工费	材料费	机械费	管理费	利润	人工费	材料费	机械费	管理费	利润
DB0131换	封层油沥青用量 (kg·m^{-2})0.8	100 m²	0.01	50.94	2207.22	1.71	5.17	5.17	0.51	22.07	0.02	0.05	0.05
小计									0.51	22.07	0.02	0.05	0.05
未计价材料费													
清单项目综合单价									22.70				

材料费明细	主要材料名称、规格、型号	单位	数量	单价/元	合价/元	暂估单价/元	暂估合价/元
	双丙聚氨酯封密处理固体份>40%,进口固化剂	m²	1	21.88	21.88	—	—
	煤	kg	0.3	0.60	0.18	—	—
	其他材料费			—	0.01	—	
	材料费小计			—	22.07	—	

表 5-3 综合单价分析表

清单综合单价组成成分明细

定额编号	定额项目名称	定额单位	数量	单价/元				合价/元			
				人工费	材料费	机械费	管理费	利润	人工费	材料费	机械费	管理费	利润
DB0164换	商品混凝土路面(C30)设计厚度(cm)20	100 m²	0.01	858.79	13 195.85	27.31	101.47	101.47	8.59	131.96	0.27	1.01	1.01
DB0165换	商品混凝土路面(C30)设计厚度(cm)每增减1[单价×15,综合费×15]	100 m²	−0.01	318.04	9 802.95	19.80	38.93	38.92	−3.18	−98.03	−0.20	−0.39	−0.39
DB0173	水泥砂浆灌缝沥青砂灌缝切缝缝宽度(mm)≤6	100 m	0.002 5	481.38	141.17	51.91	53.10	53.10	1.20	0.35	0.13	0.13	0.13
	小计								6.61	34.28	0.20	0.75	0.75
	未计价材料费												
	清单项目综合单价									42.61			

	主要材料名称、规格、型号	单位	数量	单价/元	合价/元	暂估单价/元	暂估合价/元
材料费明细	C25透水混凝土(骨料洗米石)	m³	0.050 5	645.00	32.57	—	—
	水	m³	0.24	3.98	0.96		
	石油沥青60#	kg	0.023	3.806	0.09		
	滑石粉	kg	0.043	0.35	0.02		
	细砂	m³	0.000 1	189.44	0.02		
	刀片切缝机用,综合	片	0.000 62	320.00	0.20		
	其他材料费			—	0.42	—	
	材料费小计			—	34.28	—	

【例 5-2】 某园林木步桥设计施工图如图 5-7 所示,场地现状地坪与混凝土压顶顶标高平齐,土壤类别三类土,木材选用一等杉木。计算分部分项清单工程量。

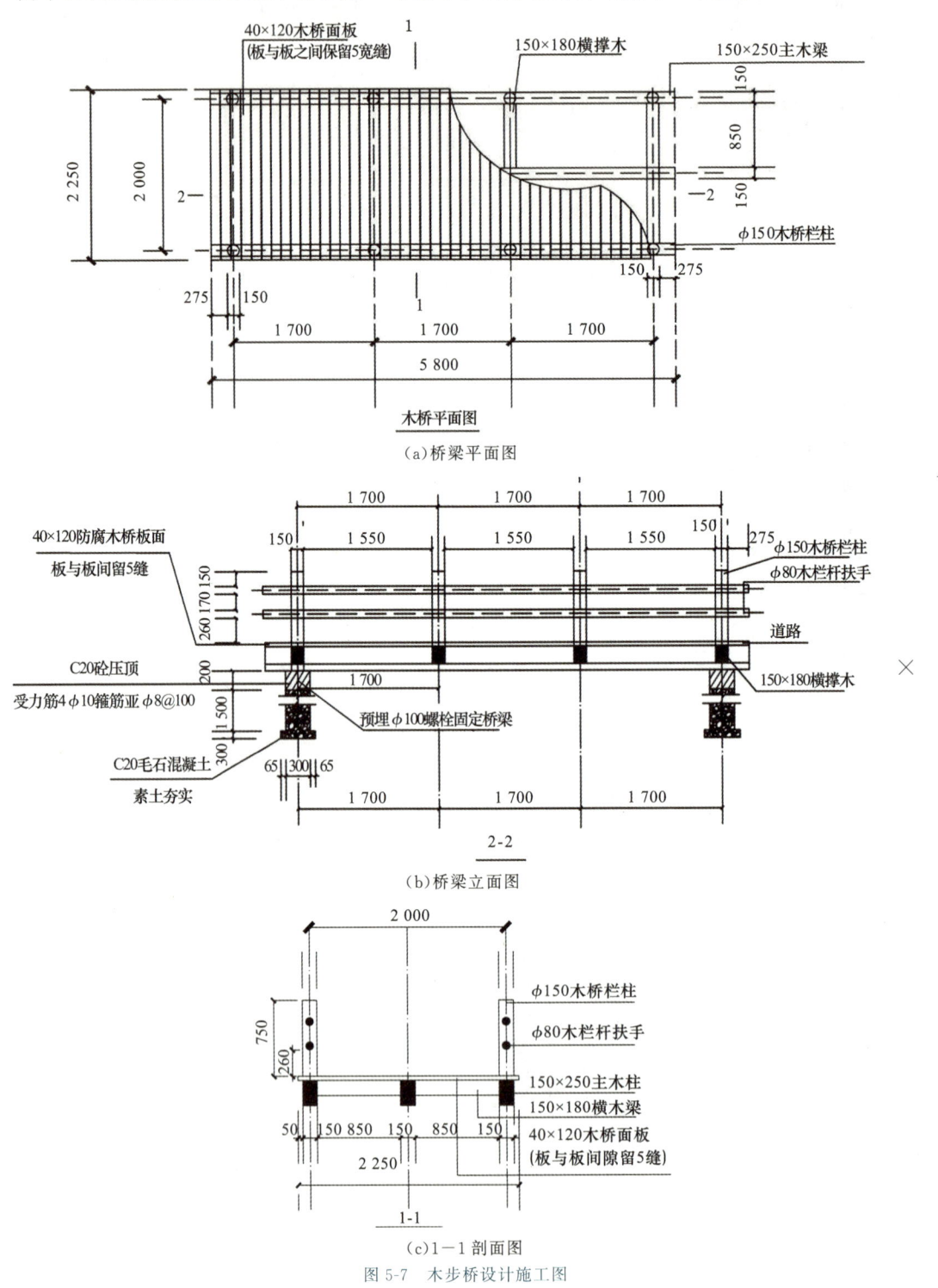

(a) 桥梁平面图

(b) 桥梁立面图

(c) 1—1 剖面图

图 5-7 木步桥设计施工图

说明:1.本工程具体位置见施工总平面图。
2.桥构配件均为木结构。
3.结构配件、木榫按常规制作。
4.桥面板与桥梁用木螺栓固定。
5.图中所注尺寸以 mm 为单位

解:基坑深度 $h=2$ m,需放坡开挖,放坡系数 $k=0.33$,工作面 $c=300$,工程量计算如下:

(1)放坡、留工作面。则开挖断面图(放线宽):

短边:$A=a+2c+2kh=0.43+2\times0.3+2\times0.33\times2=2.35$ m

长边:$B=b+2c+2kh=2.25+2\times0.3+2\times0.33\times2=4.17$ m

(2)挖基坑土方:$V=[ab+(a+A)\times(b+B)+AB]\times h/6=(0.43\times2.25+(0.43+2.35)\times(2.25+4.17)+2.35\times4.17)\times2/6=9.54$ m³

(3)毛石混凝土基础:$(0.43\times0.3+0.3\times1.5)\times2.25\times2=2.61$ m³

(4)压顶:$0.3\times0.2\times2.25\times2=0.27$ m³

(5)木制步桥桥面:$2.25\times5.8=13.05$ m²

(6)主、次梁:$0.15\times0.25\times5.8\times3+0.15\times0.18\times2.15\times4=0.88$ m³

(7)木栏杆:$5.8\times0.75\times2=8.7$ m²

5.3 驳岸、护岸

5.3.1 驳岸、护岸概述

驳岸工程:驳岸是在园林水陆边缘,用以稳定码头的围墙、保护岸边被侵蚀或被水淹没的构筑物。花园护岸是花园的一部分。在古典园林中,砖石、护岸石往往讲成与假山、石料、花木相结合的景观。驳岸工程必须结合所处环境的艺术风格、地形地貌、地质条件、材料特点、植物特点和施工方法来选择结构形式,经济要求高,在实用、经济的前提下,注意美观,文字应与周围风景相协调。

护岸工程:护岸工程指在园林中,自然山地的陡坡、土假山的边坡、园路的边坡和湖池岸边的陡坡,有时为了顺其自然不做护岸,改用斜坡伸向水中做成护坡。护岸主要是防止滑坡、减少水和风浪的冲刷以保证岸坡的稳定,即通过坚固坡面表土的形式,防止或减轻地表径流对坡面的冲刷,使坡地在坡度较大的情况下也不至于坍塌,从而保护了坡地,维持了园林的地形地貌。

1. 驳岸分类

驳岸按断面形状可分为整形式[图 5-8(a)]和自然式[图 5-8(b)]两类。

(a)整形式驳岸 (b)自然式驳岸

图 5-8 驳岸

2. 护岸分类

(1)石(卵石)砌护岸

石(卵石)砌护岸是指采用天然山石,不经人工整形,顺其自然石形砌筑而成的崎岖、曲折、凹凸变化的自然山石护岸。这种护岸适用于水石庭院、园林湖池、假山山体等水体(图 5-9)。

(2)满(散)铺砂卵石护岸(自然护岸)

满(散)铺砂卵石护岸(自然护岸)是指将大量的卵石、砂石等按定级配以层次堆积,散铺于斜坡式岸边,使坡面土壤的密实度增大,抗坍塌的能力也随之增强。在水体岸坡上采用这种护岸方式,在固定坡土上不仅能起到一定的作用,还能够使坡面得到很好的绿化和美化(图 5-10)。

图 5-9 石砌护岸   图 5-10 铺砂卵石护岸

(3)阶梯入水护岸

阶梯入水护岸能满足游人亲水需求,是最具互动性的护岸景观。阶梯入水护岸要求护岸(池岸)尽可能贴近水面,以人手能触摸到水为最佳。因为要满足亲水的特性,所以阶梯入水护岸设计对水质要求较高。阶梯入水护岸通常能让景致充满乐趣(图 5-11)。

(4)垂直护岸

垂直护岸按材质又分为木平台护岸和混凝土堆砌平台护岸。木平台护岸是用木桩堆砌的护岸。木平台护岸对木材的选用要求高,使用木桩时还需对木桩做特殊处理(图 5-12)。

(a)　　　　　　　　　　　　　　(b)

图 5-11　阶梯入水护岸

(5)框格花木护岸

框格花木护岸一般用预制的混凝土框格覆盖、固定在陡坡坡面,从而固定、保护坡面,坡面上仍可种草种树。当坡面很高、坡度很大时,采用这种护坡方式的优点比较明显。因此,这种护坡适用于较高耸的道路边坡、水坝边坡、河堤边坡等陡坡(图5-13)。

图 5-12　垂直混凝土护岸　　　　　　　图 5-13　框格花木护岸

5.3.2　定额计算说明

(1)规则式驳岸按2020年《四川省建设工程工程量清单计价定额——房屋建筑与装饰工程》相应项目执行。

(2)木桩钎(梅花桩)按原木桩驳岸项目计算。

(3)钢筋混凝土仿木桩驳岸,其钢筋混凝土及表面装饰按2020年《四川省建设工程工程量清单计价定额——房屋建筑与装饰工程》相应项目执行,若表面"塑松皮"按本定额"园林景观工程"中相应项目计算。

(4)框格花木护岸按2020年《四川省建设工程工程量清单计价定额——房屋建筑与装饰工程》《四川省建设工程工程量清单计价定额——市政工程》及本定额"绿化工程"中相应项目。

(5)本章砾石护岸适用于满铺砾石护岸,不适用于点布大砾石护岸。

(6)自然式驳岸定额项目内未包括基础,基础按2020年《四川省建设工程工程量清单计价定额——房屋建筑与装饰工程》相应项目执行。

5.3.3 工程量计算规则

1. 定额工程量计算规则

(1)石砌驳岸按设计图示尺寸以"t"计算。点(散)布大卵石按实际使用石料数量以"t"计算。

(2)原木桩驳岸按设计图示尺寸用桩长度(包括桩尖)乘以截面积以"m³"计算。

(3)铺砂砾石护岸按设计图示尺寸用平均护岸宽度乘以长度以"m²"计算。

2. 清单工程量计算规则

驳岸、护岸(编码:050202)见表5-4。

表5-4　　　　　　　　驳岸、护岸(编码:050202)

项目编码	项目名称	项目特征	计量单位	工程量计算规则	工作内容
050202001	石(卵石)砌驳岸	1.石料种类、规格 2.驳岸截面、长度 3.勾缝要求 4.砂浆强度等级、配合比	1. m³ 2. t	1.以 m³ 计量,按设计图示尺寸以体积计算 2.以 t 计量,按质量计算	1.石料加工 2.砌石(卵石) 3.勾缝
050202002	原木桩驳岸	1.木材种类 2.桩直径 3.桩单根长度 4.防护材料种类	1. m 2. 根	1.以 m 计量,按设计图示桩长(包括桩尖)计算 2.以根计量,按设计图示数量计算	1.木桩加工 2.打木桩 3.刷防护材料
050202003	满(散)铺砂卵石护岸(自然护岸)	1.护岸平均宽度 2.粗细砂比例 3.卵石粒径	1. m² 2. t	1.以 m² 计量,按设计图示尺寸以护岸展开面积计算 2.以 t 计量,按卵石使用质量计算	1.修边坡 2.铺卵石
050202004	点(散)布大卵石	1.大卵石粒径 2.数量	1.块(个) 2. t	1.以块(个)计量,按设计图示数量计算 2.以吨计量,按卵石使用质量计算	1.布石 2.安砌 3.成型
050202005	框格花木护岸	1.展开宽度 2.护坡材质 3.框格种类与规格	1. m²	按设计图示尺寸展开宽度乘以长度以面积计算	1.修边坡 2.安放框格

注:1.驳岸工程的挖土方、开凿石方、回填等应按现行国家标准《房屋建筑与装饰工程工程量计算规范》(GB 50854—2013)附录 A 相关项目编码列项。

2.木桩钎(梅花桩)按原木桩驳岸项目单独编码列项。

3.钢筋混凝土仿木桩驳岸,其钢筋混凝土及表面装饰应按现行国家标准《房屋建筑与装饰工程工程量计算规范》(GB 50854—2013)相关项目编码列项,若表面"塑松皮"按本规范附录 C"园林景观工程"相关项目编码列项。

4.框格花木护岸的铺草皮、撒草籽等应按本规范附录 A"绿化工程"相关项目编码列项。

5.3.4 工程计量与计价案例分析

【例5-3】根据所给的平面图(已知该驳岸长为10 m,路床整形按驳岸平面图(图5-14)和铺装构造详图(图5-15),计算该部分所包含的清单工程量。(小数点保留2位)

第5章 园路、园桥工程计量与计价

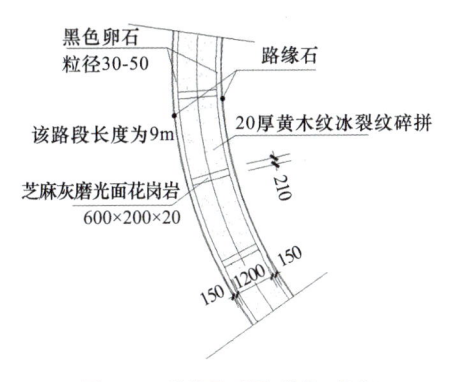

图 5-14 驳岸平面图(单位:毫米)

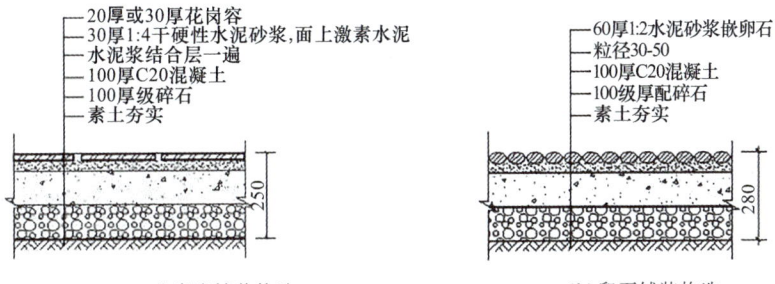

(a)花岗岩铺装构造

(b)卵石铺装构造

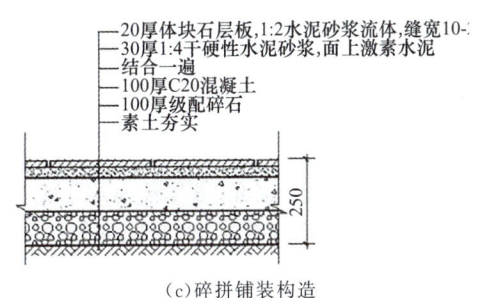

(c)碎拼铺装构造

图 5-15 铺装构造详图

解:根据清单工程量计算规则

(1)路床整形:$S=10\times1.5=15$ m²

(2)100 厚 C20 混凝土垫层 $V=1.5\times10\times0.1=1.5$ m³

(3)100 厚级配碎石 $V=1.5\times10\times0.1=1.5$ m³

(4)黄木纹冰裂纹碎拼面层:$S=10\times1.5-3-0.76=11.24$ m²

(5)黑色卵石:$0.15\times10\times2=3$ m²

(6)芝麻灰花岗岩:$0.21\times1.2\times3=0.76$ m²

(7)路缘石 $L=10\times2=20$ m

课后习题

一、填空题

1.园路结构形式有多种,典型的园路结构包含_____,_____,_____,_____。

2. 园桥的结构由_____,_____,_____组成。
3. "人字纹""席纹"铺砖地面按_____定额计算,"龟背锦"按_____定额计算。
4. 满铺卵石地面,若需分色拼花时,定额人工乘以系数_____。
5. 园路垫层按设计图示尺寸,两边各加宽 50 mm 乘以_____,以_____计算。
6. 驳岸按断面形状可分为_____和_____两类。
7. 木桩钎(梅花桩)按_____计算。
8. 石砌驳岸按_____计算。点(散)布大卵石按_____计算。

二、名词解释

1. 面层。
2. 填充层。
3. 收缩缝。
4. 乱铺冰片石。
5. 驳岸。

三、问答题

1. 什么是园路?
2. 园桥的作用有哪些?
3. 园路、园桥有哪些分类?
4. 什么是护岸工程?
5. 护岸的分类有哪些?

四、计算题

1. 根据园路铺装详图和剖面图,如图 5-16(路床按平面图施工,不考虑加宽)(单位 mm)所示,计算其定额工程量并列出工程量清单。(保留 2 位小数点)。

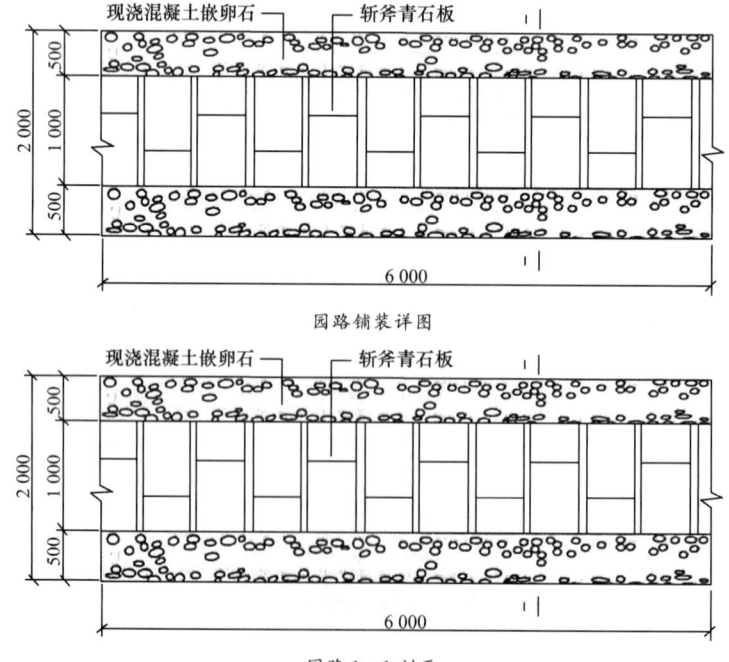

图 5-16 园路铺装详图和剖面图

第 6 章
园林景观工程计量与计价

6.1 园林景观工程概述

6.1.1 园林景观工程的概念和特点

园林景观工程的概念有广义和狭义之分。从广义上讲,它是综合的景观建设工程,是自项目起始至设计、施工及后期养护的全过程。从狭义上讲,园林工程是指以工程手段和艺术方法,通过对园林各个设计要素的现场施工而使目标园地成为特定优美景观区域的过程,也就是在特定范围内,通过人工手段(艺术的或技艺的)将园林的多个设计要素(施工要素)进行工程处理,使园地达到一定的审美要求和艺术氛围,这一工程实施的过程就是园林景观工程。

1. 园林景观工程的基本特点

园林景观工程实际上包含了一定的工程技术和艺术创造,是地形地物、石木花草、建筑小品、道路铺装等造园要素在特定地域内的艺术体现。因此,园林景观工程与其他工程相比具有其鲜明的特点。

(1)园林景观工程的艺术性

园林工程是一种综合景观工程,它虽然需要强大的技术支持,但又不同于一般的技术工程,而是一门艺术工程,涉及建筑艺术、雕塑艺术、造型艺术、语言艺术等多门艺术。

(2)园林景观工程的技术性

园林工程是一门技术性很强的综合性工程,它涉及土建施工技术、园路铺装技术、苗木种植技术、假山叠造技术及装饰装修、油漆彩绘等诸多技术。

(3)园林景观工程的综合性

园林工程作为一门综合艺术,在进行园林产品的创作时,所要求的技术无疑是复杂的。随着园林工程日趋大型化,其协同作业、多方配合的特点日益突出;同时,随着新材料、新技术、新工艺、新方法的广泛应用,园林各要素的施工更注重技术的综合性。

(4)园林景观工程的时空性

园林工程实际上是一种五维艺术,除了其空间特性,还有时间性及造园人的思想情感。园林工程在不同的地域,其空间性的表现形式迥异。园林工程的时间性则主要体现于植物景观上,即常说的生物性。

(5)园林景观工程的安全性

"安全第一,景观第二"是园林创作的基本原则。对园林景观建设中的景石假山、水景驳岸、供电防火、设备安装、大树移植、建筑结构、索道滑道等均需格外注意。

(6)园林景观工程的后续性。

园林工程的后续性主要表现在两个方面:一是园林工程各施工要素有着极强的工序性;二是园林作品不是一朝一夕就可以完全体现景观设计最终理念的,必须经过较长时间才能显示其设计效果,因此项目施工结束并不等于作品已经完成。

(7)园林景观工程的体验性

提出园林工程的体验特点是时代要求,是人的心理美感的要求,是现代园林工程以人为本最直接的体现。人的体验是一种特有的心理活动,实质上是将人融于园林作品之中,通过自身的体验得到全面的心理感受。园林工程正是给人们提供这种心理感受的场所,这种审美追求对园林工作者提出了很高的要求,即要求园林工程中的各个要素都做到完美无缺。

(8)园林景观工程的生态性与可持续性

园林工程与景观生态环境密切相关。如果项目能按照生态环境学理论和要求进行设计和施工,保证建成后各种设计要素对环境不造成破坏,能反映一定的生态景观,体现出可持续发展的理念,就是比较好的项目。

6.1.2 园林景观工程的分类

园林工程的分类多是按照工程技术要素进行的,方法也有很多,其中按园林工程概、预算定额的方法划分是比较合理的,也比较符合工程项目管理的要求。这一方法是将园林工程划分为3类工程:单项园林工程、单位园林工程和分部园林工程。

(1)单项园林工程是根据园林工程建设的内容来划分的,主要定为3类:园林建筑工程、园林构筑工程和园林绿化工程。

①园林建筑工程可分为亭、廊、榭、花架等建筑工程。

②园林构筑工程可分为筑山、水体、道路、小品、花池等工程。

③园林绿化工程可分为道路绿化、行道树移植、庭园绿化、绿化养护等工程。

(2)单位园林工程是在单项园林工程的基础上将园林的个体要素划归为相应的单项园林工程。

(3)分部园林工程通过工程技术要素划分为土方工程、基础工程、砌筑工程、混凝土工程、装饰工程、栽植工程、绿化养护工程等。

6.2 堆塑假山

6.2.1 堆塑假山概述

塑石假山中的假山是相对于自然形成的"真山"而言的。假山的材料可分为两种,一种是天然的真山石材料,仅仅是在人工砌叠时,以水泥作胶结材料,以混凝土作基础而已;还有一种就是水泥混合砂浆、钢丝网或 GRC(低碱度玻璃纤维水泥)作材料,人工雕刻而成的假山,被称为"塑石假山"。

1. 假山分类

(1)湖石(图 6-1)

湖石颜色浅灰泛白,有大小不同的洞窝和环沟,具有圆润柔曲、玲珑剔透的外形,是在江南园林中运用最为普遍的一种。计算规则:

$$W = A \times H \times R \times K_n$$

式中:W——石料质量 t;

A——平面轮廓的水平投影面积 m^2;

H——着地点至最高顶点的垂直距离 m;

R——石料比重,湖石 2.2 t/m^3;

K_n——折算系数,高度在 2 m 以内 $K_n=0.65$,高度在 4 m 以内 $K_n=0.56$。

(a)湖石假山近貌　　(b)湖石假山整体形貌

图 6-1　湖石假山

(2)黄石(图 6-2)

黄石是一种带橙黄颜色的细砂岩,黄石形体质地厚重坚硬,形态浑厚沉实、拙重。

(3) 青石(图 6-3)

青石是一种青灰色的细砂岩,形体多呈片状,故又有"青云片"之称。

图 6-2　黄石假山　　　　　　　图 6-3　青石假山

(4) 黄蜡石(图 6-4)

黄蜡石色黄,表面油润如蜡,有的浑圆如卵石,有的形态奇异,多块料,而少有长条形。

(5) 塑假石山(图 6-5)

现代园林中,为了降低假山石景的造价和增强假山石景景物的整体性,通常采用水泥材料以人工塑造的方式来制作假山或石景。

图 6-4　黄蜡石假山　　　　　　　图 6-5　塑假石山

计算规则：

表面着色处理,按其外围表面积以平方米(m^2)计算;

塑假山钢骨架制作、安装工程量,按质量(t)计算。

(6) 点风景石(图 6-6)

点风景石是一种独立布置而不具备山形,但以奇特的形状为审美特征的石质观赏品。

(7) 石笋(图 6-7)

外形修长如竹笋的一类山石的总称。

图 6-6　点风景石　　　　　　　　图 6-7　石笋

6.2.2　定额计算说明

(1)堆砌假山、塑假石山定额项目内均未包括基础,假山与基础的划分,地面以上按假山计算,地面以下按基础计算,基础应按 2020 年《四川省建设工程工程量清单计价定额——房屋建筑与装饰工程》中相关项目计算。

(2)钢骨架塑假石山的定额中未包括钢骨架工料费,应按 2020 年《四川省建设工程工程量清单计价定额——房屋建筑与装饰工程》中"现浇构件钢筋制安"定额项目,人工乘以系数 1.35。

(3)砖骨架塑假石山,如设计要求做部分钢骨架时,应另行计算。

(4)定额中的铁件用量与实际不同时,可以调整。

(5)假山定额项目是按露天、地坪上施工考虑的,其中包括施工现场的相石、叠山、支撑、勾缝、养护等全部操作过程,但不包括采购山石前的选石,选石费用归入材料预算价格内。若是在室内叠塑假山或做盆景式假山时,仍执行本定额相应子目,人工乘以系数 1.5。

(6)叠塑假山均按人工操作、土法吊装考虑,不论采用何种机械或完全不用机械,以人工代之,均按定额执行,不得换算。

(7)叠山是园林中以山石叠筑的假山,又称"迭石"和"掇山",一般人们叫堆砌假山。采用数量较多的山石堆叠而成的具有天然山体变化的假山造型,其形体可大可小,小者仅供静观,大者山中有路,可观可游。

(8)塑石是将普通石(砖)材,甚至某些建筑垃圾作为芯料,用钢筋、铁件、铁丝绑扎形成骨架(胚胎),然后用形状自然、具有纹理皱褶的石块(或片石)连镶带贴,或用掺有矿物颜料的水泥砂浆抹面,经过工艺加工塑造成各式雄浑圆润的"石品",亦称人工仿石或假塑。

(9)石笋是园林中观赏石品之一,北方称"剑石",是形体修长如笋似剑的山石的总称。

(10)点石是园林叠石造景方式之一,又称"置石"。用少量山石零星布置,点缀成景,通常可观不游,以欣赏山石个体姿态或组合形貌为主,而不要求具备完整的山形。

6.2.3 工程量计算规则

1. 定额工程量计算规则

（1）堆砌假山的工程量按实际使用石料数量以"t"计算。计算公式：堆砌假山工程量(t)＝进料的验收数量－进料验收的剩余数量。如无石料进场验收数量，可按下列公式计算：

$$W_重 = 2.6 \times A_矩 \times H_大 \times K_n$$

式中：$W_重$——堆砌假山工程量 t；

$A_矩$——假山不规则平面轮廓的水平投影面积的最大外接矩形面积 m^2；

$H_大$——假山石着地点至最高点的垂直距离 m；

K_n——孔隙折减系数，当 $H_大 \leqslant 1$ m 时，$K_n = 0.77$；当 $H_大 \leqslant 3$ m 时，$K_n = 0.653$；$H_大 \leqslant 4$ m 时，$K_n = 0.6$；

2.6——石料比重 t/m^3（注：在计算驳岸的工程量时，可按石料比重进行换算）。

（2）塑石假山的工程量按其表面积以"m^2"计算。

（3）墙（砖、混凝土）面人工塑石的工程量计算：

①锚固钢筋：按设计图示长度以理论质量"t"计算。

②砖胎：按实际施工数量以"m^3"计算。

③抹面：按实际完工表面积计算。

（4）点风景石及单体孤峰按单体石料体积（取其长、宽、高各自的平均值）乘以石料比重（2.6 t/m^3）以"t"计算。

（5）堆筑土山丘按设计图示山丘水平投影外接矩形面积乘以高度的 1/3，以体积计算。

（6）石笋按设计图示数量以"支"计算。

（7）山坡石台阶按设计图示尺寸以水平投影面积计算。

2. 清单工程量计算规则

堆塑假山（编码：050301）见表 6-1。

表 6-1　　　　　　　　　堆塑假山（编码：050301）

项目编码	项目名称	项目特征	计量单位	工程量计算规则	工作内容
050301001	堆筑土山丘	1. 土丘高度 2. 土丘坡度要求 3. 土丘底外接矩形面积	m^3	按设计图示山丘水平投影外接矩形面积乘以高度的 1/3 以体积计算	1. 取土、运土 2. 堆砌、夯实 3. 修整
050301002	堆砌石假山	1. 堆砌高度 2. 石料种类 3. 混凝土强度等级 4. 砂浆强度等级、配合比	t	按设计图示以石料质量计算	1. 选料 2. 起重机搭、拆 3. 堆砌、修整

(续表)

项目编码	项目名称	项目特征	计量单位	工程量计算规则	工作内容
050301003	塑石假山	1. 假山高度 2. 骨架材料种类、规格 3. 山皮料种类 4. 混凝土强度等级 5. 砂浆强度等级、配合比 6. 防护材料种类	m²	按设计图示尺寸以外围展开面积计算	1. 骨架制安 2. （挂网）塑型/组装岩片 3. 制作纹理、修饰 4. 刷防护材料
050301004	石笋	1. 石笋高度 2. 石笋材料种类 3. 砂浆强度等级、配合比	t	按设计图示石料质量计算	1. 选石料 2. 石笋安装
050301005	点风景石	1. 石料种类 2. 石料规格、重量 3. 砂浆配合比	t	按设计图示石料质量计算	1. 选石料 2. 起重架搭、拆 3. 点石
050301006	池、盆景置石	1. 底盘种类 2. 置石高度 3. 石料种类 4. 混凝土砂浆强度等级 5. 砂浆强度等级、配合比	个	按设计图示置石数量计算	1. 底盘制作、安装 2. 池、盆景石料安装
050301007	山坡（卵）石台阶	1. 石料种类、规格 2. 台阶坡度 3. 砂浆强度等级	m²	按设计图示尺寸以水平投影面积计算	1. 选石料 2. 台阶砌筑

注：1. 假山（堆筑土山丘除外）工程的挖土方、开凿石方、回填等应按现行国家标准《房屋建筑与装饰工程工程量计算规范》(GB 50854—2013)相关项目编码列项。

2. 如遇某些构配件使用钢筋混凝土或金属构件时，应按现行国家标准《房屋建筑与装饰工程工程量计算规范》(GB 50854—2013)或《市政工程工程量计算规范》(GB 50857—2013)相关项目编码列项。

3. 散铺河滩石按点风景石项目单独编码列项。

4. 堆筑土山丘适用于坡顶与坡底高差大于 1.0 m 且坡度大于 30% 的土坡堆砌。

6.2.4 工程计量与计价案例分析

【例 6-1】 图 6-8 为某公园内土堆筑山丘平面图，已知该山丘水平投影的外接距行长 13 m，宽 8 m，假山高度 10 m，试计算清单工程量。

解：根据工程量清单计价规则：

假山的体积＝长×宽×高＝13×8×10×1/3＝346.67 m³

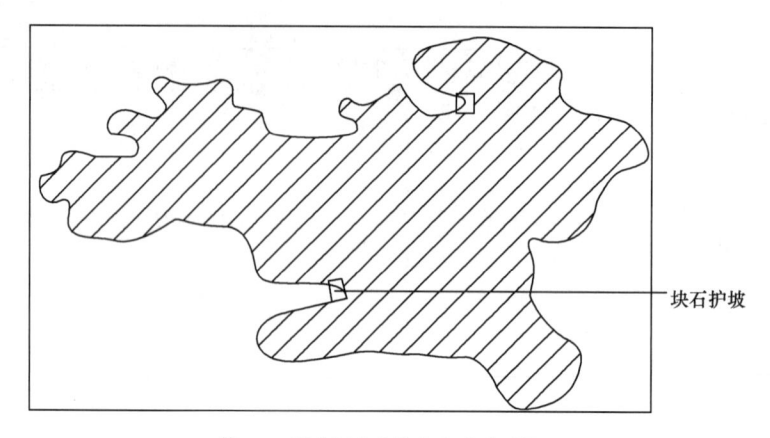

图 6-8　某公园内土堆筑山丘平面图

清单工程量计算结果见表 6-2。

表 6-2　　　　　　　　　清单工程量

项目编码	项目名称	项目特征描述	计量单位	工程量
050301001001	堆塑土山丘	土山丘外接矩形长 13 m,宽 8 m,高 10 m	m³	346.67

【例 6-2】　已知假山平面轮廓的水平投影面积为 6.65 m²,根据具体的高度尺寸标注,如图 6-9 所示,石材为太湖石,石材间用 1∶2.5 水泥砂浆勾缝堆砌,试计算分部分项工程量。

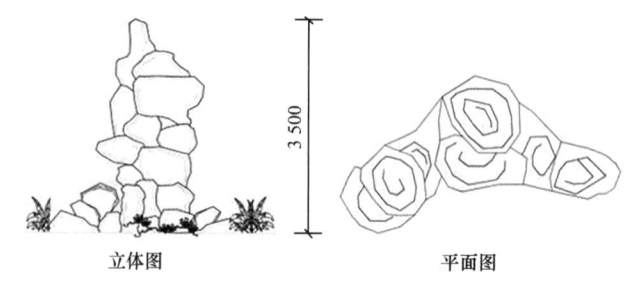

立体图　　　　　平面图

图 6-9　假山

解:堆砌石假山工程量计算公式如下:
$$W = AHRK_n$$

式中:W——石料质量 t;

A——假山平面轮廓的水平投影面积 m²;

H——假山着地点至最高项点的垂直距离 m;

R——石料比重,黄(杂)石 2.6 t/m³,湖石 2.2 t/m³;

K_n——折算系数,高度在 2 m 以内 $K_n=0.65$,高度在 4 m 以内 $K_n=0.56$。

堆砌石假山工程量 $=6.65 \times 3.5 \times 2.2 \times 0.56 = 28.675$ t

6.3 原木、竹构件

6.3.1 原木、竹构件工程概述

原木是原条长向按尺寸、形状、质量的标准规定或特殊规定截成一定长度的木段,这个木段称为原木。原条经造材后形成的圆木段有带皮的也有剥皮的。按原木材质和使用价值分为经济用材和薪炭材两大类。经济用材根据其使用情况又分直接使用原木和加工用原木。直接使用原木又分为采掘坑木、房建檩条等。加工用原木还可分特级原木、针叶树加工用原木和阔叶树加工用原木。这些原木作为森工主产品要符合国家木材标准。竹构件轻质细长、强度大,在很多地方都将竹子(原竹)作为建筑材料使用,如图 6-10 所示竹构件;图 6-11 所示木构件。

图 6-10 竹构件 　　　　图 6-11 木构件

1. 原木、竹构件的构造分析

(1)原木(带树皮)柱、梁、檩、椽:原木(带树皮)柱、梁、檩、椽是指用伐倒树木的树干或适用的粗枝,横向截断成规定长度的木材,加工制作而成的柱、梁、檩、椽,是园林中亭、廊、花架等的构件。

(2)原木(带树皮)墙:原木(带树皮)墙是指取用伐倒木的树干,也可取用合适的粗枝,保留树皮,横向截断成规定长度的木材,通过适当的连接方式所制成的墙体来分隔空间。

(3)树枝吊挂楣子:树枝吊挂楣子是指用树枝编织加工制成的吊挂楣子。吊挂楣子是安装于建筑檐柱间兼有装饰和实用功能的装修构件,因其位置是吊挂或倒挂在檐枋之下,所以一般称为"倒挂楣子",也有的称为"木挂落"。根据位置不同,可分为倒挂楣子和座凳楣子。倒挂楣子安装于檐枋之下,有丰富和装饰建筑立面的作用;座凳楣子安装在檐下柱间,除有丰富立面的功能外,还可供人坐下休息。楣子的棂条花格形式同一般装修。

(4)竹柱、梁、檩、椽:竹柱、梁、檩、椽是指用竹材料加工制作而成的柱、梁、檩、椽,是园林中亭、廊、花架等的构件。

(5)竹编墙:竹编墙是指用竹材料编成的墙体,用来分隔空间和防护之用。竹的种类应选用质地坚硬、尺寸均匀的竹子,并要求对其进行防腐防虫处理。墙龙骨的种类有木框、竹框、水泥类面层等。

(6)竹吊挂楣子:竹吊挂楣子是用竹编织加工制成的吊挂楣子,是用竹材质做成各种花纹图案。

6.3.2 定额计算说明

原木柱、梁、檩、椽适用于带树皮构件,不适用于刨光的圆形木构件,刨光的圆形木构件应按2020年《四川省建设工程工程量清单计价定额——房屋建筑与装饰工程》中相关项目计算。

6.3.3 工程量计算规则

1.定额计算规则

原木(带树皮)柱、梁、檩按设计图示尺寸以"m^3"计算(包括榫长);原木椽按设计图尺寸以长度计算。

2.清单工程量计算规则

原木、竹构件(编码:050302)见表6-3。

表6-3　　　　　原木、竹构件(编码:050302)

项目编码	项目名称	项目特征	计量单位	工程量计算规则	工作内容
050302001	原木(带树皮)柱、梁、檩、椽	1.原木种类 2.原木直(梢)径(不含树皮厚度) 3.墙龙骨材料种类、规格 4.墙底层材料种类、规格 5.构件连接方式 6.防护材料种类	m	按设计图示尺寸以长度计算	1.构件制作 2.构件安装 3.刷防护材料
050302002	原木(带树皮)墙		m^2	按设计图示尺寸以面积计算(不包括柱、梁)	
050302003	树枝吊挂楣子			按设计图示尺寸以框外围面积计算	
050302004	竹柱、梁、檩、椽	1.竹种类 2.竹直(梢)径 3.连接方式 4.防护材料种类	m	按设计图示尺寸以长度计算	1.构件制作 2.构件安装 3.刷防护材料
050302005	竹编墙	1.竹种类 2.墙龙骨材料种类、规格 3.墙底层材料种类、规格 4.防护材料种类	m^2	按设计图示尺寸以面积计算(不包括柱、梁)	
050302006	竹吊挂楣子	1.竹种类 2.竹梢径 3.防护材料种类		按设计图示尺寸以框外围面积计算	

注:1.木构件连接方式应包括:开榫连接、铁件连接、扒钉连接、铁钉连接。
　　2.竹构件连接方式应包括:竹钉固定、竹篾绑扎、铁丝连接。

6.3.4 工程计量与计价案例分析

【例6-3】 下图6-12为某园林建筑示意图,其材料为原木构造,有木柱7根,试求其清单工程量。

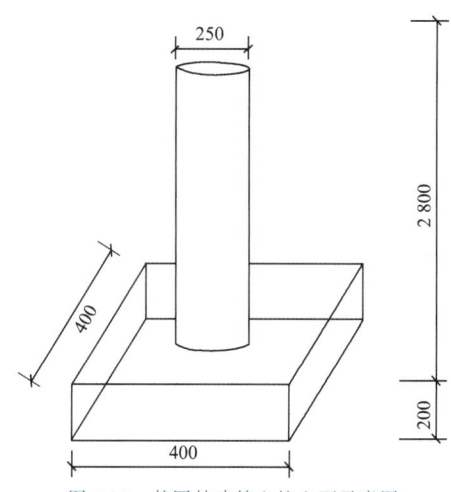

图6-12 某园林建筑立柱立面示意图

解:根据工程量清单计价规则:

柱子长度为 2.8+0.2=3.00 m

清单工程量为 3×7=21 m

清单工程量计算结果见表6-4。

表6-4　　　　　　　　　　　　　清单工程量

项目编码	项目名称	项目特征描述	计量单位	工程量
050302001001	原木(带树皮)柱	原木梢径为250 mm	m	21.00

6.4 亭廊屋面

6.4.1 亭廊屋面工程概述

亭廊屋面是指屋顶望板以上的面板工程,按材料分类可分为天然和人造两大类。天然材料如草皮屋面、树皮屋面、竹屋面、原木屋面;人造材料如彩钢板屋面、板瓦屋面。

1. 亭廊屋面

亭廊屋面包括预制混凝土穹顶、彩色压型钢板(夹芯板)攒尖亭屋面板、彩色压型钢板(夹芯板)穹顶、玻璃屋面、木(防腐木)屋面等项目。

(1)草屋面:草屋面是指用草铺设建筑顶层的构造层。草屋面具有防水功能而且自重荷载小,能够满足承重性能较差的主体结构。

(2)竹屋面:竹屋面是指建筑顶层的构造层,由竹材料铺设而成。竹屋面的屋面坡度要求与草屋面基本相同。竹作为建筑材料,凭借竹材的纯天然的色彩和质感,给人们贴近自然、返璞归真的感觉,受到游人的喜爱。

(3)树皮屋面:树皮屋面是指建筑顶层的构造层由树皮铺设而成的屋面。树皮屋面的铺设是用桁、椽搭接于梁架上,再在上面铺树皮做脊。

(4)油毡瓦屋面:油毡瓦是以玻璃纤维毡为基体的彩色瓦状的防水片材,又称沥青瓦。油毡瓦由于色彩丰富、形状多样,近年来已得到广泛应用。油毡瓦屋面适用于防水等级为Ⅱ级、Ⅲ级的屋面防水。

(5)预制混凝土穹顶:预制混凝土穹顶是指在施工现场安装之前,在预制加工厂预先加工而成的混凝土穹顶。穹顶是指屋顶形状似半球形的拱顶。亭的屋顶造型有攒尖形、三角形、多角形、扇形、平顶等多种,其屋面坡度因其造型不同而有所差异,但均应达到排水要求。

(6)彩色压型钢板(夹芯板)攒尖亭屋面板:彩色压型钢板是指采用彩色涂层钢板,经辊压冷弯成各种波形的压型板。这些彩色压型钢板可以单独使用,用于不保温建筑的外墙、屋面或装饰,也可以与岩棉或玻璃棉组合成各种保温屋面及墙面。

(7)彩色压型钢板(夹芯板)穹顶:彩色压型钢板(夹芯板)穹顶是指由厚度为0.8~1.6 mm的薄钢板经冲压而成的彩色瓦楞状产品所加工成的穹顶。

(8)玻璃屋面:玻璃屋面又称玻璃采光顶,是指由玻璃铺设而成的屋面。大面积天井上加盖各种形式和颜色的玻璃采光顶,构成一个不受气候影响的室内玻璃顶空间。

(9)木(防腐木)屋面:木(防腐木)屋面是指用木梁或木屋架(格架)、檩条(木檩或钢檩)、木望板及屋面防水材料等组成的屋盖。

2. 廊的结构设计分类

(1)木结构(图6-13):有利于发扬江南传统的园林建筑风格,形体玲珑小巧,视线通透。

(2)钢结构(图6-14):钢或钢与木结合构成的画廊也是很多见的,特点是轻巧、灵活,机动性强。

图6-13 木结构廊   图6-14 钢结构廊

(3)钢筋混凝土结构(图 6-15):多为平顶与小坡顶。
(4)竹结构(图 6-16)。

图 6-15　混凝土结构廊　　　　图 6-16　竹结构廊

6.4.2　定额计算说明

(1)树皮、麦草、山草、茅草等屋面,不包括檩、椽,应另行计算。
(2)彩色压型钢板亭屋面应按 2020 年《四川省建设工程工程量清单计价定额——房屋建筑与装饰工程》中相关项目计算。

6.4.3　工程量计算规则

1. 定额计算规则

树皮、草类、竹、木(防腐木)屋面按设计图示尺寸以斜面面积计算。

2. 清单工程量计算规则

亭廊屋面(编码:050303)见表 6-5。

表 6-5　　　　　　　　亭廊屋面(编码:050303)

项目编码	项目名称	项目特征	计量单位	工程量计算规则	工作内容
050303001	草屋面	1. 屋面坡度 2. 铺草种类 3. 竹材种类 4. 防护材料种类	m²	按设计图示尺寸以斜面计算	1. 整理、选料 2. 屋面铺设 3. 刷防护材料
050303002	竹屋面			按设计图示尺寸以实铺面积计算(不包括柱、梁)	
050303003	树皮屋面			按设计图示尺寸以屋面结构外围面积计算	
050303004	油毡瓦屋面	1. 冷底子油品种 2. 冷底子油涂刷遍数 3. 油毡瓦颜色规格		按设计图示尺寸以斜面计算	1. 清理基层 2. 材料裁接 3. 刷油 4. 铺设
050303005	预制混凝土穹顶	1. 穹顶弧长、直径 2. 肋截面尺寸 3. 板厚 4. 混凝土强度等级 5. 拉杆材质、规格	m³	按设计图示尺寸以体积计算。混凝土脊和穹顶的肋、基梁并入屋面体积	1. 模板制作、运输、安装、拆除、保养 2. 混凝土制作、运输、浇筑、振捣、养护 3. 构件运输、安装 4. 砂浆制作、运输 5. 接头灌缝、养护

(续表)

项目编码	项目名称	项目特征	计量单位	工程量计算规则	工作内容
050303006	彩色压型钢板（夹芯板）攒尖亭屋面板	1.屋面坡度 2.穹顶弧长、直径 3.彩色压型钢（夹芯）板品种、规格 4.拉杆材质、规格 5.嵌缝材料种类 6.防护材料种类	m²	按设计图示尺寸以实铺面积计算	1.压型板安装 2.护角、包角、泛水安装 3.嵌缝 4.刷防护材料
050303007	彩色压型钢板（夹芯板）穹顶				
050303008	玻璃屋面	1.屋面坡度 2.龙骨材质、规格 3.玻璃材质、规格 4.防护材料种类			1.制作 2.运输 3.安装
050303009	木（防腐木）屋面	1.木（防腐木）种类 2.防护层处理			1.制作 2.运输 3.安装

注：1.柱顶石、钢筋混凝土屋面板、钢筋混凝土亭屋面板、木柱、木屋架、钢柱、钢屋架、屋面木基层和防水层等，应按现行国家标准《房屋建筑与装饰工程工程量计算规范》(GB 50854—2013)中相关项目编码列项。

2.膜结构的亭、廊，应按现行国家标准《仿古建筑工程工程量计算规范》(GB 50855—2013)及《房屋建筑与装饰工程工程量计算规范》(GB 50854—2013)中相关项目编码列项。

3.竹构件连接方式应包括：竹钉固定、竹篾绑扎、铁丝连接。

6.4.4 工程计量与计价案例分析

【例 6-4】 某园林亭子屋面板为预制混凝土斜屋面板，其断面图如图 6-17 所示，该屋面面板厚度为 3 cm，屋面坡度为 1:4，屋面为正四边形斜坡屋面，斜坡边长长度为 5 m，屋面底边边长为 6 m，试计算其清单工程量。

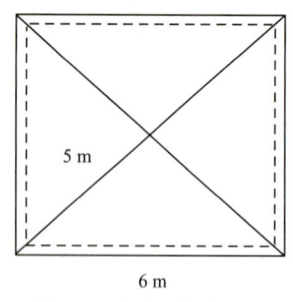

图 6-17 屋亭面板断面图

解：斜屋面三角形面积计算，按照题意斜面为等腰三角形 ABC，设 AD 为等腰三角形的高，交 BC 于点 D，则 $AD = \sqrt{\sqrt{AB^2 - CD^2}} = \sqrt{\sqrt{5^2 - 3^2}} = 4$

斜坡屋面三角形 ABC 面积 $= 1/2 \times 6 \times 4 = 12$ m²

屋面板体积计算 $V = SHK = 12 \times 4 \times 0.03 = 1.44$ m³

清单工程量计算结果见表 6-6。

表 6-6 清单工程量

项目编码	项目名称	项目特征描述	计量单位	工程量
050303005001	预制混凝土斜面板	屋面板厚度 3 cm,屋面坡度为 1∶4	m³	1.44

6.5 花　架

6.5.1 花架概述

花架是用刚性材料构成一定形状的格架以供攀缘植物攀附的园林设施,又称棚架、绿廊。花架可作遮阴休息之用,也可点缀园景。现在的花架有两方面的作用,一方面供人歇足休息、欣赏风景;另一方面为攀缘植物创造生长的条件(图 6-18)。

图 6-18　花架

1. 花架的形式

(1)廊式花架:最常见的形式,柱或墙上架梁,梁上再架格条,格条两端挑出,游人可入内休息。

(2)梁架式花架:梁架嵌固于单排柱或墙上,两边或一面悬挑,形体轻盈活泼。

(3)独立式花架:以各种材料作空格,构成墙垣、花瓶、伞亭等形状,用藤本植物缠绕成形,供观赏用。

2. 花架常用建筑材料

(1)竹结构:朴实,自然、价廉、易于加工,但耐久性差。竹材限于强度及断面尺寸,梁柱间距不宜过大。

(2)钢筋混凝土结构:可根据设计要求浇注成各种形状,也可做成预制构件,现场安装,灵活多样,经久耐用,使用较为广泛。

(3)石材:厚实耐用,但运输不便,常用块料作花架柱。

(4)金属材料:轻巧易制,构件断面小、自重轻,采用时要注意使用地区和选择攀缘植物种类,以免炙伤植物嫩枝叶,并应经常油漆养护,以防脱漆腐蚀。

6.5.2 定额计算说明

花架应按2020年《四川省建设工程工程量清单计价定额——房屋建筑与装饰工程》及《四川省建设工程工程量清单计价定额——仿古建筑工程》中相关项目计算。

6.5.3 工程量计算规则

1. 定额计算规则

树皮、草类、竹、木（防腐木）屋面按设计图示尺寸以斜面面积计算。

2. 清单工程量计算规则

花架（编码：050304）见表6-7。

表6-7　　　花架（编码：050304）

项目编码	项目名称	项目特征	计量单位	工程量计算规则	工作内容
050304001	现浇混凝土花架柱、梁	1. 柱截面、高度、根数 2. 盖梁截面、高度、根数 3. 连系梁截面、高度、根数 4. 混凝土强度等级	m^3	按设计图示尺寸以体积计算	1. 模板制作、运输、安装、拆除、保养 2. 混凝土制作、运输、浇筑、振捣、养护
050304002	预制混凝土花架柱、梁	1. 柱截面、高度、根数 2. 盖梁截面、高度、根数 3. 连系梁截面、高度、根数 4. 混凝土强度等级 5. 砂浆配合比			1. 模板制作、运输、安装、拆除、保养 2. 混凝土制作、运输、浇筑、振捣、养护 3. 构件运输、安装 4. 砂浆制作、运输 5. 接头灌缝、养护
050304003	金属花架柱、梁	1. 钢材品种、规格 2. 柱、梁截面 3. 油漆品种、刷漆遍数	t	按设计图示尺寸以质量计算	1. 制作、运输 2. 安装 3. 油漆
050304004	木花架柱、梁	1. 木材种类 2. 柱、梁截面 3. 连接方式 4. 防护材料种类	m^3	按设计图示截面乘长度（包括榫长）以体积计算	1. 构件制作、运输、安装 2. 刷防护材料、油漆
050304005	竹花架柱、梁	1. 竹种类 2. 竹胸径 3. 油漆品种、刷漆遍数	1. m 2. 根	1. 以长度计量，按设计图示花架构件尺寸以延长米计算 2. 以根计量，按设计图示花架柱、梁数量计算	1. 制作 2. 运输 3. 安装 4. 油漆

注：花架基础、玻璃天棚、表面装饰及涂料项目应按现行国家标准《房屋建筑与装饰工程工程量计算规范》（GB 50854—2013）中相关项目编码列项。

6.5.4 工程计量与计价案例分析

【例 6-5】 图 6-19 为某公园内现浇混凝土花架构造示意图,该花架的总长度为 9.3 m,宽为 2.5 m。花架柱子底面长与宽均为 0.15 m,木檩条宽为 0.12 m,架柱、梁具体尺寸及布置形式图中已有具体的标注,花架的混凝土为混凝土基础,厚 60 cm,试求其清单工程量。

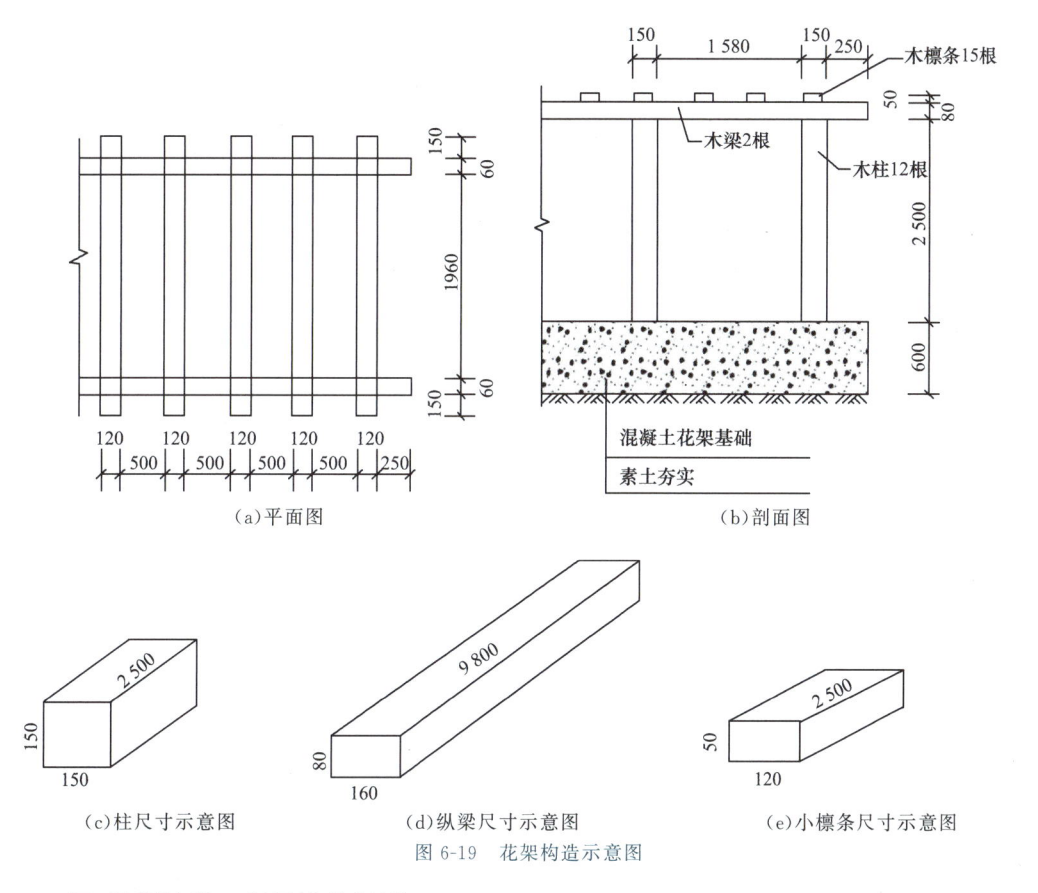

(a)平面图

(b)剖面图

(c)柱尺寸示意图

(d)纵梁尺寸示意图

(e)小檩条尺寸示意图

图 6-19 花架构造示意图

解:根据清单工程量计算规则:

(1)柱子工程量。

木柱所用木材工程量=木桩底面积×高×根数=0.15×0.15×2.5×12=0.68 m^3

(2)木梁工程量。

木梁所用木材体积=木梁底面积×长度×根数=0.16×0.08×9.3×2=0.24 m^3

(3)木檩条工程量。

檩条所用木材的工程量=檩条底面积×檩条长度×檩条根数=0.12×0.05×2.5×15=0.23 m^3

清单工程量计算结果见表 6-8。

表 6-8　　　　　　　　　　　　清单工程量计算

序号	项目编码	项目名称	项目特征描述	计量单位	工程量
1	050304004001	花架柱	花架柱的截面面积为 150 mm× 150 mm,柱高 2.5 m,共 12 根	m^3	0.68
2	050304004002	花架木梁	花架纵梁的截面面积为 160 mm× 80 mm,梁长 9.3 m,共 2 根	m^3	0.24
3	050304004003	花架木檩条	花架檩条截面面积为 120 mm× 50 mm,檩条长 2.5 m,共 15 根	m^3	0.23

6.6　园林桌椅

6.6.1　园林桌椅概述

园林桌椅相对于整个园林设计来说只能算是小配景,但它同时也是一个不可忽略的构成元素,是游人直接沟通、接触交流的重要手段,是人交往空间的主要设施,也是体现整体园林设计思想的关键性细节。

园林桌椅要与园林的整体设计风格相统一,与周围的环境相协调。同时,摆放的位置也有一定讲究,要摆放在合适的位置与环境相适应,设计中应避免与周围的环境产生突兀感、生硬感。常见的园林桌椅有木制、钢筋混凝土制、竹制飞来椅、现浇、预制混凝土桌凳、石桌石凳、塑树皮桌凳、塑树节椅、塑料铁艺金属椅等(图 6-20)。

(a)石桌石凳 　　　　　　　　　　　　(b)金属椅

图 6-20　园林桌椅

6.6.2　工程量计算说明

(1)水磨石飞来椅、条凳按设计图示尺寸以坐凳面中心线长度计算,整石座凳按设计图示尺寸以体积计算。

(2)园林桌椅均按成品安装考虑,钢筋混凝土飞来椅、木制飞来椅应按 2020 年《四川省建设工程工程量清单计价定额——仿古建筑工程》中相关项目计算。

6.6.3 工程量计算规则

1. 定额工程量计算规则

水磨石飞来椅、条凳按设计图示尺寸以坐凳面中心线长度计算,整石座凳按设计图示尺寸以体积计算。

2. 清单工程量计算规则

园林桌椅(编码:050305)见表 6-9。

表 6-9　　　　　　　　　　园林桌椅(编码:050305)

项目编码	项目名称	项目特征	计量单位	工程量计算规则	工作内容
050305001	预制钢筋混凝土飞来椅	1.座凳面厚度、宽度 2.靠背扶手截面 3.靠背截面 4.座凳楣子形状、尺寸 5.混凝土强度等级 6.砂浆配合比	m	按设计图示尺寸以座凳面中心线长度计算	1.模板制作、运输、安装、拆除、保养 2.混凝土制作、运输、浇筑、振捣、养护 3.构件运输、安装 4.砂浆制作、运输、抹面、养护 5.接头灌缝、养护
050305002	水磨石飞来椅	1.座凳面厚度、宽度 2.靠背扶手截面 3.靠背截面 4.座凳楣子形状、尺寸 5.砂浆配合比	m	按设计图示尺寸以座凳面中心线长度计算	1.砂浆制作、运输 2.制作 3.运输 4.安装
050305003	竹制飞来椅	1.竹材种类 2.座凳面厚度、宽度 3.靠背扶手截面 4.靠背截面 5.座凳楣子形状 6.铁件尺寸、厚度 7.防护材料种类			1.座凳面、靠背扶手、靠背、楣子制作、安装 2.铁件安装 3.刷防护材料
050305004	现浇混凝土桌凳	1.桌凳形状 2.基础尺寸、埋设深度 3.桌面尺寸、支墩高度 4.凳面尺寸、支墩高度 5.混凝土强度等级 6.砂浆配合比			1.模板制作、运输、安装、拆除、保养 2.混凝土制作、运输、浇筑、振捣、养护 3.砂浆制作、运输
050305005	预制混凝土桌凳	1.桌凳形状 2.基础形状、尺寸、埋设深度 3.桌面形状、尺寸、支墩高度 4.凳面尺寸、支墩高度 5.混凝土强度等级 6.砂浆配合比	个	按设计图示数量计算	1.模板制作、运输、安装、拆除、保养 2.混凝土制作、运输、浇筑、振捣、养护 3.构件运输、安装 4.砂浆制作、运输 5.接头灌缝、养护

(续表)

项目编码	项目名称	项目特征	计量单位	工程量计算规则	工作内容
050305006	石桌石凳	1.石材种类 2.基础形状、尺寸、埋设深度 3.桌面形状、尺寸、支墩高度 4.凳面尺寸、支墩高度 5.混凝土强度等级 6.砂浆配合比	个	按设计图示数量计算	1.土方挖运 2.桌凳制作 3.桌凳运输 4.桌凳安装 5.砂浆制作、运输
050305007	水磨石桌凳	1.基础形状、尺寸、埋设深度 2.桌面形状、尺寸、支墩高度 3.凳面尺寸、支墩高度 4.混凝土强度等级 5.砂浆配合比			1.桌凳制作 2.桌凳运输 3.桌凳安装 4.砂浆制作、运输
050305008	塑树根桌凳	1.桌凳直径 2.桌凳高度 3.砖石种类 4.砂浆强度等级、配合比 5.颜料品种、颜色			1.砂浆制作、运输 2.砖石砌筑 3.塑树皮 4.绘制木纹
050305009	塑树节椅				
050305010	塑料、铁艺、金属椅	1.木座板面截面 2.座椅规格、颜色 3.混凝土强度等级 4.防护材料种类			1.制作 2.安装 3 刷防护材料

注:木制飞来椅按现行国家标准《仿古建筑工程工程量计算规范》(GB 50855—2013)相关项目编码列项。

6.6.4 工程计量与计价案例分析

【例 6-6】 某小区花园里设有钢筋混凝土飞来椅,飞来椅围绕一大树布置成圆形,共有 6 个,其造型相同,坐面板的长度为 1.2 m,宽 0.4 m,厚 0.05 m,试求其清单工程量。

解:根据清单工程量计算规则:

$$L = 1.2 \times 6 = 7.2 \text{ m}$$

清单工程量计算结果见表 6-10。

表 6-10　　　　　　　　　　清单工程量计算

项目编码	项目名称	项目特征描述	计量单位	工程量
050305001001	钢筋混凝土飞来椅	每个坐面板长 1.2 m,宽 0.4 m,厚 0.05 m	m	7.2

6.7 喷泉安装

6.7.1 喷泉概述

喷泉在各类景观中的应用十分广泛,是可以综合水、电、声、光的综合性水景。在人们的日常生活中,它广泛出现于各种公园、广场、住宅区、游乐场等地,是现代人类生活必不可少的一部分(图6-21)。

图 6-21 喷泉

6.7.2 定额计算说明

(1)喷泉管道、电缆、电气控制柜应按 2020 年《四川省建设工程工程量清单计价定额——通用安装工程》中相关项目计算。

(2)喷泉水池应按 2020 年《四川省建设工程工程量清单计价定额——房屋建筑与装饰工程》中相关项目计算。

(3)管架项目应按 2020 年《四川省建设工程工程量清单计价定额——房屋建筑与装饰工程》中钢支架项目计算。

6.7.3 工程量计算规则

1.定额计算规则

(1)水下艺术装饰灯具按设计图示数量以"套"计算。

(2)喷泉水上辅助照明按设计图示灯阵尺寸以"m^2"计算。

2. 清单工程量计算规则

喷泉安装(编码:050306)见表6-11。

表6-11　　　　　　　　　喷泉安装(编码:050306)

项目编码	项目名称	项目特征	计量单位	工程量计算规则	工作内容
050306001	喷泉管道	1.管材、管件、阀门、喷头品种 2.管道固定方式 3.防护材料种类	m	按设计图示管道中心线长度以延长米计算,不扣除检查(阀门)井、阀门、管件及附件所占的长度	1.土(石)方挖运 2.管材、管件、阀门、喷头安装 3.刷防护材料 4.回填
050306002	喷泉电缆	1.保护管品种、规格 2.电缆品种、规格	m	按设计图示单根电缆长度以延长米计算	1.土(石)方挖运 2.电缆保护管安装 3.电缆敷设 4.回填
050306003	水下艺术装饰灯具	1.灯具品种、规格 2.灯光颜色	套	按设计图示数量计算	1.灯具安装 2.支架制作、运输、 3.安装
050306004	电气控制柜	1.规格、型号 2.安装方式	台	按设计图示数量计算	1.电气控制柜(箱)安装 2.系统调试
050306005	喷泉设备	1.设备品种 2.设备规格、型号 3.防护网品种、规格	台	按设计图示数量计算	1.设备安装 2.系统调试 3.防护网安装

注:1.喷泉水池应按现行国家标准《房屋建筑与装饰工程工程量计算规范》(GB 50854—2013)中相关项目编码列项。

2.管架项目应按现行国家标准《房屋建筑与装饰工程工程量计算规范》(GB 50854—2013)中钢支架项目单独编码列项。

6.7.4　工程计量与计价案例分析

【例6-7】　图6-22为某广场的正方形喷泉水池平面图,每根喷泉管道的长度是2.5 m,共有5根,水池的长度为3 m,宽3 m,露出地面的高度为0.3 m,试求喷泉管道清单工程量。

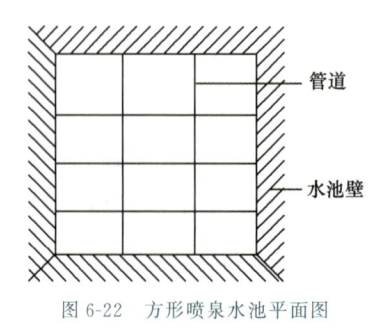

图6-22　方形喷泉水池平面图

解:根据清单工程量计算规则:管道长度 $L=2.5\times5=12.5$ m

清单工程量计算结果见表 6-12。

表 6-12 清单工程量计算

项目编码	项目名称	项目特征描述	计量单位	工程量
050305001001	喷泉管道	喷泉管道每根长 2.5 m,共 5 根	m	12.5

6.8 杂 项

6.8.1 杂项概述

园林景观工程的杂项主要有石灯,石球,塑仿石音箱,塑树皮梁、柱,塑竹梁、柱,铁艺栏杆,塑料栏杆,钢筋混凝土艺术围栏,标志牌,景墙,景窗,花饰,博古架,花盆(坛、箱),摆花,花池,垃圾箱,砖石砌小摆设等。

6.8.2 定额计算说明

(1)"树身和树根连塑"及"树头和树根连塑"应分别计算工程量。

①钢筋混凝土制作的树身芯,按 2020 年《四川省建设工程工程量清单计价定额——房屋建筑与装饰工程》中的现浇柱定额子目执行,钢筋混凝土制作的树桩芯,按 2020 年《四川省建设工程工程量清单计价定额——房屋建筑与装饰工程》中的零星构件定额执行;若是砖砌的,按砖砌园林小摆设定额子目执行。

②树身(头)塑树皮按展开面积计算,执行"塑树皮"定额子目。

③塑树根按延长米计算,执行"塑树根"定额子目。

(2)景墙应按 2020 年《四川省建设工程工程量清单计价定额——房屋建筑与装饰工程》及《四川省建设工程工程量清单计价定额——仿古建筑工程》中相关项目计算。

(3)木作博古架应按 2020 年《四川省建设工程工程量清单计价定额——仿古建筑工程》中相关项目计算。

(4)花池、花盆(坛、箱)应按 2020 年《四川省建设工程工程量清单计价定额——房屋建筑与装饰工程》中零星项目计算。

(5)石球、石灯笼、仿石音箱、石花盆、垃圾桶均按成品安装考虑。

(6)混凝土栏杆、金属栏杆、金属围网等均按成品安装考虑。

(7)城市雕塑艺术工程

①本定额城市雕塑艺术工程适用于具有艺术创作设计著作权、固定长久性专项艺术景观、非仿古复制型、非批量工艺产品等特征的专项专业景观建设工程。

②有关艺术创作设计著作权的认定执行《中华人民共和国著作权法》相关规定。若由原创作者监制时,另按以下费率计取原创作者监制费。具体费率见表 6-13。

表 6-13　　　　　　　　　　　原创作者监制费费率表

序号	各项监制工艺名称	计算基础	费率	备注
1	艺术造型	定额人工费	30%	1.若原创作者为艺术专业高级技术职称,原创作者监制费执行本费率
2	金属锻造成品制作	定额人工费	10%	2.若为艺术专业中级技术职称,其原创作者监制费按本费率下浮 15%
3	精密铸造成品制作	定额人工费	5%	3.若为艺术专业初级技术职称,其原创作者监制费按本费率下浮 30%
4	高分子成品制作	定额人工费	5%	4.非设计著作权作品或无监制成果报告的,不计取原创作者监制费
5	石圆雕制作	定额人工费	15%	5.若创作设计费中已包含原创作者监制费的,不再按本费率计取原创作者监制费
6	艺术彩绘	定额人工费	30%	

③城市雕塑艺术工程(除艺术方案创作设计以外)包含艺术造型、制模定样、成品制作(石刻圆雕、锻造、铸造、高分子树脂)与安装等。本定额项目主要以现场制作考虑。

④雕塑相关的基础、基座、土石方、混凝土结构、内置钢结构、石材干挂、脚手架、吊装机械台班等项目均未包含在本定额内,另按 2020 年《四川省建设工程工程量清单计价定额》相关定额项目计算。

⑤本定额石圆雕制作及安装以使用红砂石、青石为准。定额中材料消耗量已考虑加工和操作损耗,不另行计算。使用汉白玉、花岗石制作时,人工费乘以系数 1.5。

⑥本定额高分子树脂(树脂复合材料、水泥环保复合材料)雕塑已包含定模制样费,不得另行计算。

⑦本定额金属锻造表面金属材料厚度按 2 mm 考虑,精密铸造表面金属按照 8 mm 考虑,厚度不同时,允许按实调整。

⑧其他。

a.艺术造型:根据选定方案的立体艺术小样,由原创作者监制或直接完成泥塑放大的立体艺术塑造。

b.制模定样:将艺术家推敲完成的实际尺寸的艺术造型,用石膏、树脂等材料进行模型固定。

c.金属锻造:用金属板材根据制模定样进行分块敲制造型、焊接结合表面处理的金属雕塑加工方法。

d.金属铸造:在制模定样上用硅胶等材料制取精密外模,然后分块制取浇铸用蜡型和耐火型壳,再浇入金属熔液冷却成型后,焊接组合表面处理完成的金属雕塑加工方法。

e.圆雕(立体雕塑):根据制模定样进行整体或分块雕刻造型、整体组合,最后在原创作者监制下精雕完成,具有多角度艺术效果的雕塑加工方法,具有独立性。

f.高分子树脂(树脂复合材料、水泥环保复合材料)雕塑:采用合成树脂和各类填充材料为基本材料,依托实际尺寸的艺术模具模制成型的成品雕塑。

g.石浮雕按《四川省建设工程工程量清单计价定额——仿古建筑工程》石浮雕相应项目及有关规定执行。

h.本定额艺术彩绘包括插画类、涂鸦、国画类、油画类、写实绘画等,依其复杂程度按简单、一般、复杂编制。其中,简单艺术彩绘指图案简单、容易创作绘画上色,简单的步骤可以完成的彩绘画面;一般艺术彩绘指花草树木、山水及单独人物、动物、物品等的彩绘画面;复杂艺术彩绘指带人物、动物、建筑物或自然环境构成故事情节的彩绘画面。

6.8.3 工程量计算规则

1. 定额工程量计算规则

(1)成品石灯笼、成品仿石音箱、花岗岩石球、石花盆按设计图示数量以"个"计算。

(2)塑树皮(竹)梁、柱按设计图示尺寸以梁柱外表面积以"m^2"计算。

(3)塑树根、塑竹、塑藤条分不同直径按"m"计算。

(4)花坛铁艺栏杆、成品仿木栏杆、塑料栏杆、钢网围墙按设计图示尺寸以"m^2"计算。

(5)预制花坛栏杆按设计图示尺寸以"m"计算。

(6)成品钢筋混凝土艺术围栏按设计图示尺寸以延长米计算。

(7)花瓦什锦窗按框外围面积以"m^2"计算。

(8)水磨石博古架按设计图示尺寸以延长米计算。

(9)摆设盆花以所摆设的盆数计算。

(10)垃圾箱按设计图示尺寸以"个"计算。

(11)砖石砌小摆设按设计图示尺寸以"m^3"计算。

(12)艺术造型、制模定样、金属锻造、精密铸造、高分子树脂雕塑等工程,其圆雕按实体表面积计算,其线刻浮雕、平浮雕、浅浮雕按最大外接矩形面积计算,其高浮雕按最大外接矩形面积乘以系数 1.5 计算。

(13)群雕按雕饰种类(线刻、平浮雕、浅浮雕、高浮雕、圆雕)分别计算面积。

(14)艺术彩绘按所绘图案最大外接矩形展开面积计算。

2. 清单工程量计算规则

杂项(编码:050307)见表 6-14。

表 6-14 杂项(编码:050307)

项目编码	项目名称	项目特征	计量单位	工程量计算规则	工作内容
050307001	石灯	1. 石料种类 2. 石灯最大截面 3. 石灯高度 4. 砂浆配合比	个	按设计图示数量计算	1. 制作 2. 安装
050307002	石球	1. 石料种类 2. 球体直径 3. 砂浆配合比			
050307003	塑仿石音箱	1. 石音箱内空尺寸 2. 铁丝型号 3. 砂浆配合比 4. 水泥漆颜色			1. 胎模制作、安装 2. 铁丝网制作、安装 3. 砂浆制作、运输 4. 喷水泥漆 5. 埋置仿石音箱

(续表)

项目编码	项目名称	项目特征	计量单位	工程量计算规则	工作内容
050307004	塑树皮梁、柱	1. 塑树种类 2. 塑竹种类 3. 砂浆配合比 4. 喷字规格、颜色 5. 油漆品种、颜色	1. m² 2. m	1. 以 m² 计量，按设计图示尺寸以梁柱外表面积计算 2. 以 m 计量，按设计图示尺寸以构件长度计算	1. 灰塑 2. 刷涂颜料
050307005	塑竹梁、柱				
050307006	铁艺栏杆	1. 铁艺栏杆高度 2. 铁艺栏杆单位长度重量 3. 防护材料种类	m	按设计图示尺寸以长度计算	1. 铁艺栏杆安装 2. 刷防护材料
050307007	塑料栏杆	1. 栏杆高度 2. 塑料种类			1. 下料 2. 安装 3. 校正
050307008	钢筋混凝土艺术围栏	1. 围栏高度 2. 混凝土强度等级 3. 表面涂敷材料种类	1. m² 2. m	1. 以 m² 计量，按设计图示尺寸以面积计算 2. 以 m 计量，按设计图示尺寸以延长米计算	1. 制作 2. 运输 3. 安装 4. 砂浆制作、运输 5. 接头灌缝、养护
050307009	标志牌	1. 材料种类、规格 2. 镌字规格、种类 3. 喷字规格、颜色 4. 油漆品种、颜色	个	按设计图示数量计算	1. 选料 2. 标志牌制作 3. 雕凿 4. 镌字、喷字 5. 运输、安装 6. 刷油漆
050307010	景墙	1. 土质类别 2. 垫层材料种类 3. 基础材料种类、规格 4. 墙体材料种类、规格 5. 墙体厚度 6. 混凝土、砂浆强度等级、配合比 7. 饰面材料种类	1. m³ 2. 段	1. 以 m³ 计量，按设计图示尺寸以体积计算 2. 以段计量，按设计图示尺寸以数量计算	1. 土(石)方挖运 2. 垫层、基础铺设 3. 墙体砌筑 4. 面层铺贴
050307011	景窗	1. 景窗材料品种、规格 2. 混凝土强度等级 3. 砂浆强度等级、配合比 4. 涂刷材料品种	m²	按设计图示尺寸以面积计算	1. 制作 2. 运输 3. 砌筑安放 4. 勾缝 5. 表面涂刷
050307012	花饰	1. 花饰材料品种、规格 2. 砂浆配合比 3. 涂刷材料品种			

第6章　园林景观工程计量与计价

(续表)

项目编码	项目名称	项目特征	计量单位	工程量计算规则	工作内容
050307013	博古架	1.博古架材料品种、规格 2.混凝土强度等级 3.砂浆配合比 4.涂刷材料品种	1.m² 2.m 3.个	1.以 m² 计量,按设计图示尺寸以面积计算 2.以 m 计量,按设计图示尺寸以延长米计算 3.以个计量,按设计图示数量计算	1.制作 2.运输 3.砌筑安放 4.勾缝 5.表面涂刷
050307014	花盆 (坛、箱)	1.花盆(坛)的材质及类型 2.规格尺寸 3.混凝土强度等级 4.砂浆配合比	个	按设计图示尺寸以数量计算	1.制作 2.运输 3.安放
050307015	摆花	1.花盆(钵)的材质及类型 2.花卉品种与规格	1.m² 2.个	1.以 m² 计量,按设计图示尺寸以水平投影面积计算 2.以个计量,按设计图示数量计算	1.搬运 2.安放 3.养护 4.撤收
050307016	花池	1.土质类别 2.池壁材料种类、规格 3.混凝土、砂浆强度等级、配合比 4.饰面材料种类	1.m³ 2.m 3.个	1.以 m³ 计量,按设计图示尺寸以体积计算 2.以 m 计量,按设计图示尺寸以池壁中心线处延长米计算 3.以个计量,按设计图示数量计算	1.垫层铺设 2.基础砌(浇)筑 3.墙体砌(浇)筑 4.面层铺贴
050307017	垃圾箱	1.垃圾箱材质 2.规格尺寸 3.混凝土强度等级 4.砂浆配合比	个	按设计图示尺寸以数量计算	1.制作 2.运输 3.安放
050307018	砖石砌小摆设	1.砖种类、规格 2.石种类、规格 3.砂浆强度等级、配合比 4.石表面加工要求 5.勾缝要求	1.m³ 2.个	1.以 m³ 计量,按设计图示尺寸以体积计算 2.以个计量,按设计图示尺寸以数量计算	1.砂浆制作、运输 2.砌砖、石 3.抹面、养护 4.勾缝 5.石表面加工
050307019	其他景观小摆设	1.名称及材质 2.规格尺寸	个	按设计图示尺寸以数量计算	1.制作 2.运输 3.安装

125

(续表)

项目编码	项目名称	项目特征	计量单位	工程量计算规则	工作内容
050307020	柔性水池	1.水池深度 2.防水(漏)材料 3.品种	m²	按设计图示尺寸以水平投影面积计算	1.清理基层 2.材料裁接 3.铺设

注：砌筑果皮箱、放置盆景的须弥座等，应按砖石砌小摆设项目编码列项。

6.8.4 工程计量与计价案例分析

【例 6-8】 根据下图 6-23、图 6-24 所示的某园林树池平面和剖面的尺寸（单位 mm），计算该树池的分部分项工程量清单综合单价。

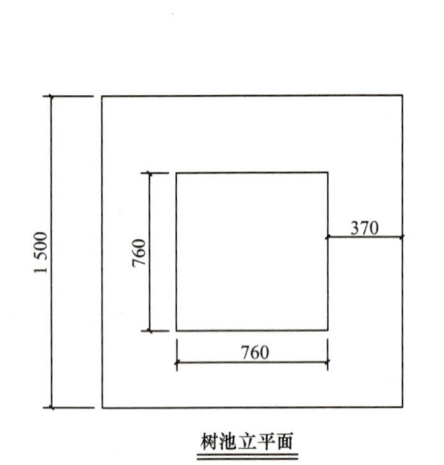

图 6-23 树池平面图

图 6-24 剖面图

解：根据清单工程量计算规则

(1) 周长：$(1.500-0.37)\times 4 = 4.52$ m

(2) 人工原土打夯：$(0.06\times 2 + 0.24)\times 4.52 = 1.63$ m²

(3) 砌砖：$[(0.06\times 2+0.24)\times 0.1+0.24\times 0.8]\times 4.52=(0.036+0.192)\times 4.52=1.03$ m³

(4) 挖沟槽土方：$(1.500-0.37)\times 4\times (0.43+0.1)\times (0.36+0.2\times 2)=1.82$ m³

(5) 30 厚磨光面芝麻灰花岗岩：$0.37\times 4.52=1.67$ m²

(6) 20 厚黄色文化石：$(1.5-0.03-0.03)\times 4\times 0.4=2.3$ m²

(7) 磨边：$1.5\times 4+0.76\times 4=9.04$ m

分项分部工程量清单与计价表见表 6-15、综合单价分析见表 6-16。

第6章 园林景观工程计量与计价

表6-15

分部分项工程清单与计价表

工程名称:规范清单计价(单项工程【杂项-树池】 标段: 第1页共1页

序号	项目编码	项目名称	项目特征描述	计量单位	工程量	综合单价	合价/元	金额/元 定额人工费	其中 定额机械费	暂估价
1	010101003028	挖沟槽土方	综合考虑	m³	1.82	134.81	245.35	190.37		
2	010103001029	回填方	原土夯实	m³	1.63	10.31	16.81	10.38	2.95	
3	010401001016	砌筑砖基础	1.砖品种、规格、强度等级:页岩实心砖、规格、强度综合 2.基础类型:综合 3.砂浆强度等级:M7.5水泥砂浆 4.其他:满足设计及规范要求	m³	1.03	546.64	563.04	97.61		
4	011204001018	20 mm厚黄色文化石贴面	1.墙体类型:综合考虑 2.面层材料品种、规格、颜色:20 mm厚黄色文化石贴面 3.找平层厚度、砂浆配合比:30厚1:2.5水泥砂浆找平层 4.其他:满足设计及规范要求	m²	1.67	263.23	439.59	108.23	0.40	
5	011206001026	30 mm厚芝麻灰花岗石(光面)压顶	1.类型:综合考虑 2.找平层:30厚1:2.5水泥砂浆找平层 3.面层材料品种、规格、颜色:30 mm厚芝麻灰花岗石(光面)压顶 4.其他:满足设计及规范要求	m²	2.3	249.23	573.23	226.09	0.12	
		合 计					1 838.02	632.68	3.47	

表 6-16 综合单价分析表

工程名称：规范清单计价\单项工程【杂项-树池】　　标段：　　第 1 页　共 5 页

项目编码	(1)010101003028	项目名称	挖沟槽土方		计量单位	m³		工程量		1.82

清单综合单价组成明细

定额编号	定额项目名称	定额单位	数量	单价/元					合价/元				
				人工费	材料费	机械费	管理费	利润	人工费	材料费	机械费	管理费	利润
AA0005	人工挖沟槽（底宽≤1.2 m）深度≤2 m	100 m³	0.01	3 826.83			165.82	368.88	38.27			1.66	3.69
AA0005	人工挖沟槽（底宽≤1.2 m）深度≤2 m	100 m³	0.01	3 826.83			165.82	368.88	38.27			1.66	3.69
AA0086换	人力车运土方石渣，总运距≤500 m 运距≤50 m [+AA0087×9]	100 m³	0.01	4 174.69			180.91	402.43	41.75			1.81	4.02
小计									118.29			5.13	11.40
未计价材料费													
清单项目综合单价									134.81				

材料费明细	主要材料名称、规格、型号	单位	数量	单价/元	合价/元	暂估单价/元	暂估合价/元
	其他材料费			—		—	
	材料费小计			—		—	

表 6-16

工程名称：规范清单计价\单项工程【杂项-树池】

综合单价分析表

项目编码	(2)010103001029		项目名称		回填方		计量单位	m^3	工程量	1.63
				清单综合单价组成明细						
定额编号	定额项目名称	定额单位	数量	单价/元				合价/元		
				人工费	材料费	机械费	管理费	利润		
									人工费 材料费 机械费 管理费 利润	
AA0082	回填土人工夯填	100 m^3	0.01	720.34	0.28	180.93	40.08	89.16	7.20	0.28 1.81 0.40 0.89
	小计								7.20	1.81 0.40 0.89
	未计价材料费									
	清单项目综合单价									10.31
材料费明细	主要材料名称、规格、型号		单位	数量	单价/元	合价/元	暂估单价/元	暂估合价/元		
	水		m^3	0.001	2.80		—	—		
	其他材料费				—		—			
	材料费小计				—		—			

第 2 页 共 5 页

表6-16

综合单价分析表

工程名称：规范清单计价\单项工程【杂项-树池】　　　　　　　　　　　　　　　　　　　　　　　　第3页　共5页

| 项目编码 | (3)010401001016 | 项目名称 | 砌筑砖基础 | 计量单位 | m³ | 工程量 | 1.03 |

标段：

清单综合单价组成明细

定额编号	定额项目名称	定额单位	数量	单价/元					合价/元				
				人工费	材料费	机械费	管理费	利润	人工费	材料费	机械费	管理费	利润
AD0007换	砖基础干混砂浆	10 m³	0.1	1 071.66	4 240.48		77.12	77.11	107.17	424.05		7.71	7.71
小计									107.17	424.05		7.71	7.71
未计价材料费													
清单项目综合单价										546.64			

材料费明细	主要材料名称、规格、型号	单位	数量	单价/元	合价/元	暂估单价/元	暂估合价/元
	干混砌筑砂浆 M7.5	t	0.409 7	324.74	133.05	—	—
	标准砖	千匹	0.524	553.76	290.17		
	水	m³	0.114	3.98	0.45		
	其他材料费			—	0.38	—	
	材料费小计			—	424.05	—	

第6章 园林景观工程计量与计价

表 6-16 综合单价分析表

工程名称:规范清单计价\单项工程【杂项-树池】
第 4 页 共 5 页

项目编码	(4)011204001018	项目名称	20 mm厚黄色文化石贴面		计量单位	m²	工程量		

清单综合单价组成明细

| 定额编号 | 定额项目名称 | 定额单位 | 数量 | 单价/元 | | | | 合价/元 | | | |
				人工费	材料费	机械费	管理费	利润	人工费	材料费	机械费	管理费	利润
AM0132 换	立面砂浆 找平层厚度 13 mm 干混砂浆 [+AM0133×17]	100 m²	0.01	1 328.97	1 220.80	4.27	50.79	115.49	13.28	12.20	0.04	0.51	1.15
AM0278 换	石材墙面花岗石粘贴干混砂浆	100 m²	0.01	6 002.28	15 910.89	19.95	839.40	839.39	60.00	159.05	0.20	8.39	8.39
	小计								73.28	171.25	0.24	8.90	9.54
	未计价材料费												
	清单项目综合单价											263.23	

材料费明细	主要材料名称、规格、型号	单位	数量	单价/元	合价/元	暂估单价/元	暂估合价/元
	1:2.5水泥砂浆	t	0.045 8	270.00	12.37	—	—
	水	m³	0.019	2.80	0.05	—	—
	20 mm厚黄色文化石贴面	m²	1.038 3	150.00	155.75	—	—
	白水泥	kg	0.145	0.575	0.08		
	水	m³	0.002	3.98	0.01		
	其他材料费			—	2.99	—	
	材料费小计			—	171.25	—	

表 6-16 综合单价分析表

工程名称：规范清单计价\单项工程【杂项-树池】　　　　标段：　　　　第 5 页 共 5 页

项目编码	(5)011206001026	项目名称	30 mm厚芝麻灰花岗石(光面)压顶			计量单位	m²	工程量	2.3

清单综合单价组成明细

定额编号	定额项目名称	定额单位	数量	单价/元				合价/元			
				人工费	材料费	机械费	管理费	利润	人工费	材料费	机械费	管理费	利润

定额编号	定额项目名称	定额单位	数量	人工费	材料费	机械费	管理费	利润	人工费	材料费	机械费	管理费	利润
AM0132换	立面砂浆找平层厚度13 mm 干混砂浆［十AM0133×17］	100 m²	0.01	1 328.97	1 220.80	4.27	50.79	115.49	13.30	12.21	0.04	0.51	1.16
AM0423换	石材零星项目花岗石粘贴干混砂浆	100 m²	0.01	9 780.42	10 484.01	0.92	587.34	1 336.43	97.86	104.90	0.01	5.88	13.37
	小计								111.16	117.11	0.05	6.39	14.53
	未计价材料费												
	清单项目综合单价										249.23		

材料费明细	主要材料名称、规格、型号	单位	数量	单价/元	合价/元	暂估单价/元	暂估合价/元
	1:2.5 水泥砂浆	t	0.045	270.00	12.15		
	水	m³	0.019	2.80	0.05		
	花岗石板厚20 mm	m²	1.122	83.00	93.13		
	30 mm厚芝麻灰花岗石	t	0.011 5	450.00	5.18		
	白水泥	kg	0.154	0.575	0.09		
	其他材料费			—	6.51	—	
	材料费小计			—	117.11	—	

课后习题

一、填空题

1. 单项园林工程是根据园林工程建设的内容来划分的,主要分为_____,_____,_____。
2. 叠山是园林中以山石叠筑的假山,又称_____和_____,一般人们叫_____,采用数量较多的山石堆叠而成的具有天然山体变化的假山造型。
3. 堆砌假山的工程量按实际使用石料数量以_____计算。
4. 原木(带树皮)柱、梁、檩按设计图示尺寸以_____计算。
5. 树皮、草类、竹、木(防腐木)屋面按设计图示尺寸以_____计算。
6. 水磨石飞来椅、条凳按设计图示尺寸以_____计算,整石座凳按设计图示尺寸以_____计算。
7. 喷泉水上辅助照明按设计图示灯阵尺寸以_____计算。
8. 树身(头)塑树皮按_____计算,执行_____定额子目。

二、名词解释

1. 塑假石山。
2. 原木。
3. 花架。
4. 喷泉。
5. 艺术造型。

三、问答题

1. 园林景观工程广义和狭义的概念分别是什么?
2. 园林景观工程有什么特点?
3. 亭廊屋面的分类有哪些?
4. 花架具有哪些形式?
5. 杂项主要有哪些?

四、案例题

1. 根据下图 6-25、图 6-26 所给的某公园内的毛竹制圆亭子(单位 mm)有关信息,请计算该亭子的分部分项工程量清单综合单价。

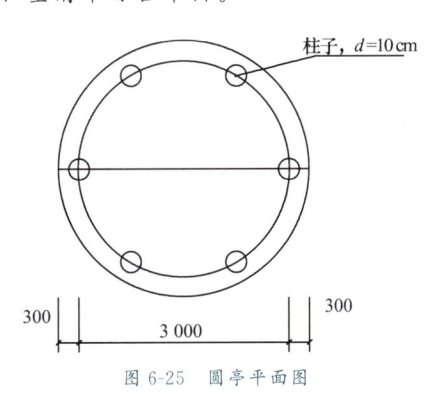

图 6-25 圆亭平面图

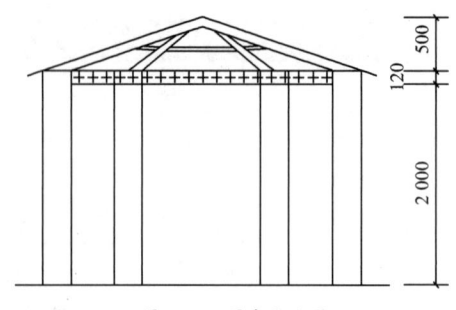

图 6-26 圆亭立面图

设计要求规定：

(1)该亭子的直径为 3m，柱子直径为 10 cm，共有 6 根。

(2)竹子梁的直径为 10 cm，水平梁(直线型)、斜梁各 6 根。

(3)竹檩条的直径为 6 cm，长 1m，共 6 根。

(4)竹椽条的直径为 4 cm，长 1.2m，共 64 根。

(5)屋顶为竹片屋面，檐口出挑 30 cm，并在水平梁下安装竹制吊挂楣子，高 12 cm。

第 7 章 园林绿化措施项目工程计量与计价

7.1 园林绿化措施项目概述

7.1.1 园林绿化措施项目的概念

园林绿化措施项目是指为完成园林绿化建设工程施工,发生于该工程施工前和施工过程中的技术、生活、安全、环境保护等方面的费用。园林绿化措施项目子分部包括脚手架工程、模板工程、树木支撑架、草绳绕树干、搭设遮阴(防寒)棚工程、围堰、排水工程、安全文明施工及其他项目措施。

7.1.2 名词术语

措施项目费是指为完成建设工程施工,发生于该工程施工前和施工过程中的技术、生活、安全、环境保护等方面的费用。

1. 安全文明施工费

①环境保护费:是指施工现场为达到环保部门要求所需要的各项费用。

②文明施工费:是指施工现场文明施工所需要的各项费用。

③安全施工费:是指施工现场安全施工所需要的各项费用。

④临时设施费:是指施工企业为进行建设工程施工所必须搭设的生活和生产用的临时建筑物、构筑物和其他临时设施费用。包括临时设施的搭设、维修、拆除、清理费或摊销费等。

2. 夜间施工增加费

夜间施工增加费是指因夜间施工所发生的夜班补助费、夜间施工降效、夜间施工照明设备摊销及照明用电等费用。

3. 二次搬运费

二次搬运费是指因施工场地条件限制而发生的材料、构配件、半成品等一次运输不能到达堆放地点,必须进行二次或多次搬运所发生的费用。

4. 冬雨季施工增加费

冬雨季施工增加费是指在冬季或雨季施工需增加的临时设施，以及防滑、排除雨雪，人工及施工机械效率降低等费用。

5. 已完工程及设备保护费

已完工程及设备保护费是指竣工验收前，对已完工程及设备采取的必要保护措施所发生的费用。

6. 工程定位复测费

工程定位复测费是指工程施工过程中进行全部施工测量放线和复测的费用。

7. 特殊地区施工增加费

特殊地区施工增加费是指工程在沙漠或其边缘地区、高海拔、高寒、原始森林等特殊地区施工增加的费用。

8. 大型机械设备进出场及安拆费

大型机械设备进出场及安拆费是指机械整体或分体自停放场地运至施工现场或由一个施工地点运至另一个施工地点，所发生的机械进出场运输、转移费用及机械在施工现场进行安装、拆卸所需的人工费、材料费、机械费、试运转费和安装所需的辅助设施的费用。

9. 脚手架工程费

脚手架工程费是指施工需要的各种脚手架搭、拆、运输费用及脚手架购置费的摊销（或租赁）费用。

7.2 脚手架工程

7.2.1 脚手架工程概述

1. 脚手架工程的概念

脚手架工程指施工现场为工人操作解决垂直和水平运输而搭设各种支架的工程。脚手架制作材料通常有竹、木、钢管或合成材料等，有些工程也用脚手架当模板使用。

2. 脚手架的分类及基本要求

（1）脚手架的分类

①按照搭设位置分为外脚手架（用于外墙砌筑、外粉刷）、里脚手架（用于内墙和围墙砌筑、粉刷）和满堂脚手架（用于室内顶棚粉刷、上料平台）

②按所用材料分为木脚手架、竹脚手架和金属脚手架。

③按构造形式分为多立杆式脚手架、框式脚手架、桥式脚手架、吊式脚手架、挂式脚手架、升降式脚手架等。

④按搭设形式分为单排脚手架、双排脚手架。

（2）脚手架的基本要求

①宽度应满足工人操作、材料堆放及运输的要求。

②有足够的强度、刚度及稳定性。

③构造简单,搭拆搬运方便,能多次周转使用。

7.2.2 定额计算说明

1. 一般说明

定额综合脚手架和单项脚手架已综合考虑了斜道、上料平台、安全网,不再另行计算。

2. 综合脚手架

(1)凡能够按"建筑面积计算规则"计算建筑面积的房屋建筑与装饰工程均按综合脚手架定额项目计算脚手架摊销费。

(2)综合脚手架已综合考虑了砌筑、浇筑、吊装、抹灰、油漆、涂料等脚手架费用。满堂基础(独立柱基或设备基础投影面积超过 20 m²)、宽度超过 3 m 以上的条形基础、抗水板按满堂脚手架基本层费用乘以 50% 计取,当使用泵送混凝土时按满堂脚手架基本层费用乘以 40% 计取。连同土建一起施工的装饰工程,装饰工程使用土建的外脚手架时,外墙装饰(以单项脚手架计取脚手架摊销费除外)按外脚手架项目乘以系数 40% 计算;单独搭设的装饰外脚手架(包括风貌整治工程单独搭设的装饰外脚手架)按相应外脚手架项目执行,材料费乘以系数 40% 计算,其余费用不变。

(3)本定额的檐口高度指檐口滴水高度,平屋顶指屋面板底高度,凸出屋面的电梯间、水箱间不计算檐高。

(4)檐口高度>50 m 的综合脚手架中,外墙脚手架是按附着式外脚手架综合的,实际施工不同时,不做调整。

3. 单项脚手架

(1)凡不能按"建筑面积计算规则"计算建筑面积的房屋建筑与装饰工程,但施工组织设计规定需搭设脚手架时,均按相应单项脚手架定额计算脚手架摊销费。

(2)用于地下室外墙防水、保温施工的脚手架已包含在建筑工程综合脚手架内,不另计算;地下室外墙防水保护墙的砌筑脚手架未包含在建筑工程综合脚手架内,可根据批准的施工方案及实际搭设情况套用相应单项脚手架定额项目。

(3)装饰工程施工高度超过 3.6 m 时,需搭设脚手架的,按批准的施工组织设计,套用相应的单项脚手架。

(4)满堂基础、高度≥4.5 m 时的天棚抹灰及吊顶工程按满堂脚手架项目执行,计算满堂脚手架后,墙面装饰工程则不再单独计算脚手架。

(5)砌筑高度>1.2 m 的管沟墙及砖基础,按设计图示砌筑长度乘以高度以面积计算,套用里脚手架项目。

(6)砌筑高度>1.2 m 的屋顶烟囱脚手架,按设计图示烟囱外围周长另加 3.6 m 乘以烟囱出屋顶高度以面积计算,套用里脚手架项目。

(7)女儿墙高度>1.2 m 时,女儿墙内侧按设计图示砌筑长度乘以高度以面积计算,套用单排脚手架项目。

7.2.3 工程量计算规则

1.定额工程量计算规则

(1)综合脚手架计价规则

①综合脚手架应分单层、多层和不同檐高,按建筑面积计算。地下室与主楼水平投影面积重叠部分的建筑面积按主楼檐高套用相应脚手架定额。

②不能计算建筑面积的屋面构架、封闭空间等附加面积,按以下规则计算:

a.结构内的封闭空间(含空调间)净高满足 $1.2\text{ m}<h\leqslant 2.1\text{ m}$ 时,按 1/2 面积计算,净高 $h>2.1\text{ m}$ 时按全面积计算。

b.高层建筑设计室外不加以利用的板或有梁板,按水平投影面积的 1/2 计算。

③满堂基础、宽度超过 3 m 以上的条形基础、抗水板脚手架工程量按其底板面积计算。

(2)单项脚手架计算规则

①计算内、外脚手架时,均不扣除门、窗、洞口、空圈等所占面积。同一建筑物高度不同时,应按不同高度分别计算。

②外脚手架、里脚手架、整体提升架均按所服务对象的垂直投影面积计算。

③砌砖工程高度在 1.35~3.6 m 以内者,按里脚手架计算。高度在 3.6 m 以上者按外脚手架计算。独立砖柱高度在 3.6 m 以内者,按柱外围周长乘以实砌高度按里脚手架计算;高度在 3.6 m 以上者,按柱外围周长加 3.6 m,并乘以实砌高度按单排脚手架计算;独立混凝土柱按柱外围周长加 3.6 m,并乘以浇筑高度按外脚手架计算;建筑装饰造型及其他功能需要的构架,其高度超过 2.2 m 时,按构架外围周长加 3.6 m,并乘以构架高度按外脚手架计算。

④砌石工程(包括砌块)高度超过 1 m 时,按外脚手架计算。独立石柱高度在 3.6 m 以内者,按柱外围周长乘以实砌高度计算工程量;高度在 3.6 m 以上者,按柱外围周长加 3.6 m 乘以实砌高度计算工程量。

⑤围墙高度从自然地坪至围墙顶计算,长度按墙中心线计算,不扣除门所占的面积,但门柱和独立门柱的砌筑脚手架不增加。

⑥凡高度超过 1.2 m 的室内外混凝土贮水(油)池、贮仓、设备基础以构筑物的外围周长乘以高度按外脚手架计算。池底按满堂基础脚手架计算。

⑦挑脚手架按搭设长度乘以搭设层数以"延长米"计算。

⑧悬空脚手架按搭设的水平投影面积计算。

⑨满堂脚手架按搭设的水平投影面积计算,不扣除垛、柱所占的面积。满堂脚手架高度从设计地坪至施工顶面计算,高度在 4.5~5.2 m 时,按满堂脚手架基本层计算;高度超过 5.2 m 时,每增加 0.6~1.2 m,按增加一层计算,增加层的高度若<0.6 m,舍去不计。例如:设计地坪到施工顶面为 9.2 m,其增加层数为:$(9.2-5.2)/1.2=3$(层),余 0.4 m 舍去不计。

⑩吊篮脚手架按外墙垂直投影面积计算,不扣除门窗洞口所占面积。

⑪吊顶装修工程搭设满堂脚手架,高度从设计地坪算至结构板底或吊顶龙骨的支承面。

第7章 园林绿化措施项目工程计量与计价

2. 清单工程量计算规则

脚手架工程(编码:050401)见表 7-1。

表 7-1　　　　　　　　　　脚手架工程(编码:050401)

项目编码	项目名称	项目特征	计量单位	工程量计算规则	工作内容
050401001	砌筑脚手架	搭设方式 墙体高度	m²	按墙的长度乘墙的高度以面积计算(硬山建筑山墙高算至山尖)。当独立砖石柱高度在 3.6 m 以内时,以柱结构周长乘以柱高计算;当独立砖石柱高度在 3.6 m 以上时,以柱结构周长加 3.6 m 乘以柱高计算 凡砌筑高度在 1.5 m 及以上的砌体,应计算脚手架	1. 场内、场外材料搬运 2. 搭、拆脚手架、斜道、上料平台 3. 铺设安全网 4. 拆除脚手架后材料分类堆放
050401002	抹灰脚手架	搭设方式 墙体高度		按抹灰墙面的长度乘高度以面积计算(硬山建筑山墙高算至山尖)。当独立砖石柱高度在 3.6 m 以内时,以柱结构周长乘以柱高计算;当独立砖石柱高度在 3.6 m 以上时,以柱结构周长加 3.6 m 乘以柱高计算	
050401003	亭脚手架	搭设方式 檐口高度	1. 座 2. m²	以座计量,按设计图示数量计算 以 m² 计量,按建筑面积计算	
050401004	满堂脚手架	搭设方式 施工面高度		按搭设的地面主墙间尺寸以面积计算	
050401005	堆砌(塑)假山脚手架	搭设方式 假山高度	m²	按外围水平投影最大矩形面积计算	
050401006	桥身脚手架	搭设方式 桥身高度		按桥基础底面至桥面平均高度乘以河道两侧宽度以面积计算	
050401007	斜道	斜道高度	座	按搭设数量计算	

7.2.4　工程计量与计价案例与分析

【例 7-1】 图 7-1 为某公园围墙砌筑示意图,试求其木制脚手架工程量。

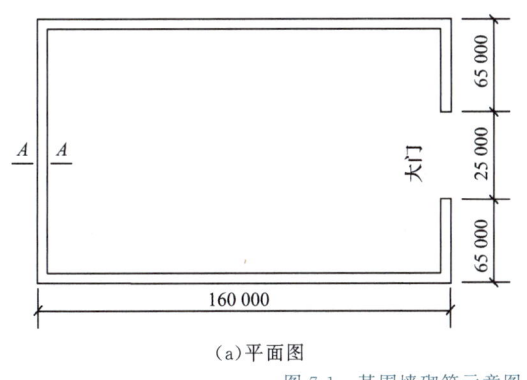

图 7-1　某围墙砌筑示意图
(a)平面图　(b)剖面图

解：围墙里脚手架工程量计算如下：

工程量＝[160×2＋(65×2＋25)×2]×3＝1 890 m²

【例 7-2】 如图 7-2 所示为某中庭园中单层建筑物,高度为 10.2 m,试计算其脚手架工程量。

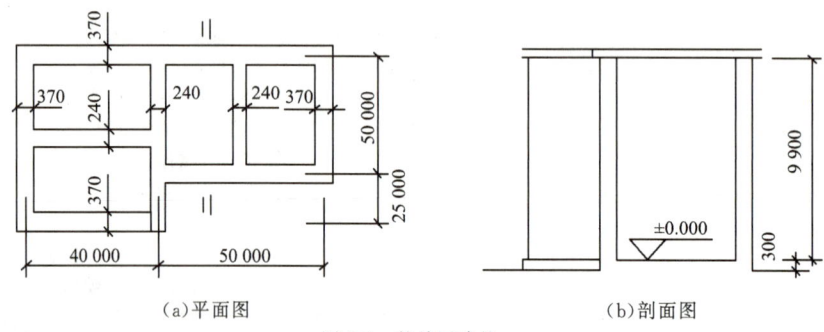

图 7-2 某单层建筑

解：根据清单工程量计算规则：

① 综合脚手架工程量：

(50＋40＋0.25×2)×(25＋50＋0.25×2)－50×25＝5 582.75 m²

② 顶棚高度为 3.6～5.2 m 的满堂脚手架工程量：

$L_{中}$＝[(40＋50＋0.25×2)＋(25＋50＋0.25×2)]×2－0.37×4＝330.52 m

$L_{内}$＝(40－0.24)＋(50－0.24)×2＝139.28 m

满堂脚手架(基本层)工程量(5 582.75 m² 为建筑面积)：

5 582.75－0.37×330.52－0.24×139.28＝5 427.03 m²

顶棚高度在 5.2 m 以上的满堂脚手架增加层的计算：

增加层＝(9.9－5.20)÷1.2＝3.92 层

(0.92×1.1＞0.6)取 4 层

7.3 模板工程

7.3.1 模板工程概述

1. 模板工程的概念

模板工程指新浇混凝土成型的模板及支承模板的一整套构造体系。其中,接触混凝土并控制预定尺寸、形状、位置的构造部分称为模板,支持和固定模板的杆件、桁架、联结件、金属附件、工作便桥等构成支承体系。对于滑动模板,自升模板则增设提升动力及提升架、平台构成。模板工程在混凝土施工中是一种临时结构。

2. 模板工程的分类及基本要求

(1)模板工程的分类

① 按模板或模板面板划分为木模板、覆面木胶合板模板、覆面竹胶合板模板、钢模板、

铝合金模板、塑料和玻璃钢模板、预制混凝土薄板模板、压型钢板模板等。

②按成型对象划分为梁模、柱模、板模、梁板模、墙模、楼梯模、电梯井模、隧道和涵洞模、基础模、桥模、渠道模等。

③按位置和配置作用划分为边模、角模、底模、端模、顶模、节点模;按组拼方式划分为整体式模板、组拼整体式模板、组拼式模板、现配式模板、整体装拆式模板。

④按技术体系划分为滑模、爬模、提模、台模、飞模、大模板体系、早拆模板体系等。

(2)模板工程的基本要求

①保证工程结构和各构件的形状、尺寸及相对位置的准确;模板应板面平整,接缝严密;选材合理,用料经济。

②有足够的强度、刚度和稳定性,能可靠地承受新浇混凝土的自重荷载和侧压力,以及在施工过程中所产生的其他荷载。

③构造简单,拆除方便,能多次循环使用,并便于钢筋的绑扎与安装,有利于混凝土的浇筑与养护。

7.3.2 定额计算说明

(1)现浇混凝土模板是按木模、复合模板及目前施工技术、方法编制的。复合模板项目适用于木、竹胶合板、复合纤维板等品种的复合模板;建筑工程砖砌现浇混凝土构件地胎模按零星砌砖项目计算,抹灰工程按零星抹灰计算。

(2)现浇混凝土梁、板、柱、墙,支模高度是按层高≤3.9 m编制的,层高超过3.9 m时,超过部分梁、板、柱、墙均应按完整构件的混凝土模板工程量套用相应梁、板、柱、墙支撑高度超高费定额项目,按梁、板、柱、墙支撑高度超高费每超过1 m增加模板费项目以层高计算,超高不足1 m的按1 m计算。

(3)高支模适用于支模高度≥8 m或者板厚≥500 mm的高大支撑体系。

(4)高支模支架定额子目按支模高度≥8 m且≤10 m或板厚≥500 mm综合考虑编制的[来源:2020年《四川省建设工程工程量计价定额》勘误(三)],支模高度>10 m时,超过部分按每超过1 m增加费套用相应定额项目,支模高度超高费每超过1 m增加费项目以板底高度计算,超高不足1 m的按1 m计算。

(5)清水模板按相应定额项目执行,其人工按下表增加一般技工工日,其他费用不变(表7-2)。

表7-2　　　　　　　　　　　　清水模板工日定额　　　　　　　　　　　　100 m²

项目	柱			梁			墙	有梁板、无梁板、平板
	矩形柱	圆形住	异形柱	矩形梁	拱、弧形梁	异形梁		
工日定额	4	5.2	6.2	5	5.2	5.8	3	4

(6)别墅(独立别墅、连排别墅)各模板按相应定额项目执行,材料用量乘以系数1.2。

(7)异形柱指模板接触面超过4个面的柱,异形柱复合模板适用于圆形柱、多边形柱模板。

(8)圈梁模板适用于叠合梁模板。

(9)异形梁模板适用于圆形梁模板。

(10)直形墙模板适用于电梯井壁模板。

(11)模板中的"对拉螺栓"用量按12次摊销进入材料费。周转使用的对拉螺栓摊销量按定额执行不做调整,如经批准的施工组织设计为一次性摊销使用的,则按一次性摊销使用(含铁件)进入材料费,并扣除定额已含的铁件用量及对拉螺栓塑料管用量。

(12)后浇带模板按相应构件模板项目综合单价乘以系数2.5,包含后浇带模板、支架的保留,重新搭设、恢复、清理等费用。

(13)现浇混凝土L、Y、T、Z、十字形等短墙单肢中心线长度均≤0.4 m的,其模板按异形柱项目执行;现浇混凝土L、Y、T、Z、十字形等短墙单肢中心线长度均≤0.8 m的,其模板按墙定额执行,定额乘以系数1.4[来源:2020年《四川省建设工程工程量计价定额》勘误(三)],现浇混凝土一字形短墙中心线长度>0.4 m且≤1 m的,其模板按墙的定额项目执行,定额乘以系数1.2;现浇混凝土一字形短墙中心线长度≤0.4 m的,其模板按矩形柱定额项目执行。

(14)有梁板模板定额项目已综合考虑了有梁板中弧形梁的情况,梁和板应作为整体套用。弧形梁模板为独立弧形梁模板。圈梁、基础梁的弧形部分模板按相应圈梁、基础梁模板套用定额乘以系数1.2计算。

(15)凸出混凝土柱、梁、墙面的线条,并入相应构件计算,再按凸出的线条道数执行模板增加费项目;凸出宽度大于200 mm的凸出部分执行雨篷项目,不再执行线条模板增加费项目。

7.3.3 工程量计算规则

1.定额工程量计算规则

(1)现浇混凝土及钢筋混凝土模板工程量,按混凝土与模板接触面的面积以"m^2"计算。

(2)现浇混凝土构件模板工程量的分界规则与现浇混凝土构件工程量分界规则一致。

(3)现浇钢筋混凝土墙、板上单孔面积≤0.3 m^2的孔洞不予扣除,洞侧壁模板亦不增加,单孔面积>0.3 m^2时应予扣除,洞侧壁模板面积并入墙、板模板工程量内计算。

(4)柱与梁、柱与墙、梁与梁等连接重叠部分及伸入墙内的梁头、板头与砖接触部分,均不计算模板面积。

(5)构造柱外露面均应按图示外露部分计算模板面积。构造柱与墙接触面不计算模板面积。带马牙槎构造柱的宽度按马牙槎处的宽度计算。

(6)现浇钢筋混凝土悬挑板(挑檐、雨篷、阳台)按图示外挑部分尺寸的水平投影面积计算。挑出墙外的牛腿梁及板边模板不另计算。

(7)现浇钢筋混凝土楼梯,以图示露明尺寸的水平投影面积计算,不扣除小于500 mm楼梯井所占面积。楼梯的踏步、踏步板平台梁等侧面模板,不另计算。阶梯形(锯齿形)现浇楼板每一梯步宽度大于300 mm时,模板工程按板的相应项目执行,综合单价乘以系数1.65。

(8)现浇混凝土台阶按图示台阶尺寸的水平投影面积计算,台阶端头两侧不另计算模板面积。

第7章 园林绿化措施项目工程计量与计价

(9)现浇空心板成品蜂巢芯板(块)安装按设计图示面积计算,不包括肋梁、暗梁面积,现浇空心板管状芯模按设计图示尺寸以长度计算。

(10)凸出的线条模板增加费,以凸出棱线的道数分别按长度计算,两条及多条线条相互之间的净距小于100 mm的,每两条按一条计算,不足一条按一条计算。

(11)对拉螺栓堵眼增加费按相应部位构件的模板面积计算。

(12)高支模支架按梁、板水平投影面积(扣除与其相连的柱、墙的水平投影面积)乘以梁、板底支撑高度(斜梁、斜板按照平均高度)以"m³"计算。

2. 清单工程量计算规则

模板工程(编码:050402)见表 7-3。

表 7-3　　　　　　　　　　模板工程(编码:050402)

项目编码	项目名称	项目特征	计量单位	工程量计算规则	工作内容
050402001	现浇混凝土垫层	厚度	m²	按混凝土与模板的接触面积计算	1. 制作 2. 安装 3. 拆除 4. 清理 5. 刷隔离剂 6. 材料运输
050402002	现浇混凝土路面				
050402003	现浇混凝土路牙、树池围牙	高度			
050402004	现浇混凝土花架柱	断面尺寸			
050402005	现浇混凝土花架梁	1.断面尺寸 2.梁底高度			
050402006	现浇混凝土花池	池壁断面尺寸			
050402007	现浇混凝土桌凳	1.桌凳形状 2.基础尺寸、埋设深度 3.桌面尺寸、支墩高度 4.凳面尺寸、支墩高度	1. m³ 2. 个	1.以m³计量,按设计图示混凝土体积计算 2.以个计量,按设计图示数量计算	
050402008	石桥拱券石、石券脸-胎架	1.胎架面高度 2.矢高、弦长	m²	按拱券石、石券脸弧形底面展开尺寸以面积计算	

7.3.4　工程计量与计价案例与分析

【例 7-3】 某现浇钢筋混凝土雨篷模板如图 7-3 所示,试计算其模板工程量(雨篷总长为 2.26＋0.12×2＝2.50 m)

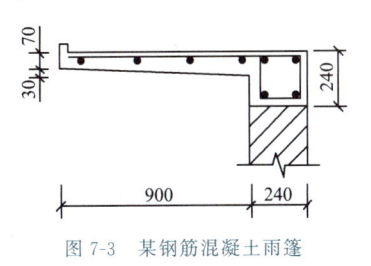

图 7-3　某钢筋混凝土雨篷

解：根据工程量计算规则，现浇雨篷的模板工程量按图示外挑部分的水平投影面积计算（嵌入墙内的梁应另按过梁计算）。

模板工程量＝2.50×0.9＝2.25 m²

【**例 7-4**】 图 7-4 为某钢筋混凝土楼梯栏板（已知栏板高为 0.9 m），试计算其模板的工程量。

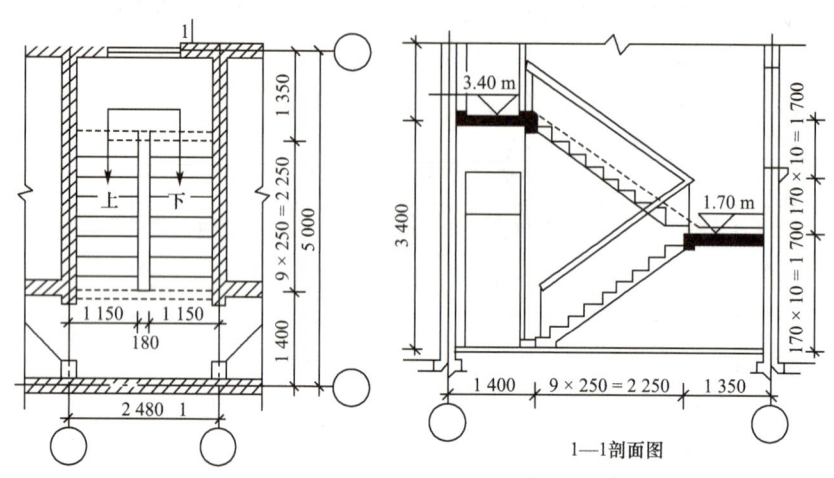

图 7-4 某钢筋混凝土楼梯栏板

解：根据工程量计算规则，栏板工程量按接触面积计算。

工程量＝[2.25×1.15（斜长系数）×2＋0.18＋0.18＋1.15]×0.9（高度）×2（面）＝12.03 m²

7.4 树木支撑架、草绳绕树干工程

7.4.1 树木支撑架、草绳绕树干工程概述

1. 树木支撑

树木在种植或者移植过程后，根系尚未伸展，为了使种植好的苗木不因土壤沉降或风力的影响而发生歪斜，确保其成活率，施工单位需对刚完成种植尚未浇定根水的苗木进行支撑处理，不同类型的苗木可采用不同的支撑手法。

支撑支柱要牢固，并在树木绑扎处夹垫软质物，绑扎完后还应检查苗木是否正直。

树木支撑分五项：两架一拐、三架一拐、四脚钢筋架、竹竿支撑、绑扎幌绳。

支撑方式分为单柱支撑、三角支撑、四角支撑、扁担支撑和行列式支撑等。

（1）单柱支撑：栽植行道树往往会受坑槽限制，只能采取单柱支撑。支柱设在盛行风向的一面，长 3.5 m，于栽植前埋入土中 1.1 m，支柱中心和树木中心距离不超过 35 cm。

（2）三角支撑：适用于中心主干明显，树体较大的树木。以钢绳、毛竹等作为支撑材料，选树高的 2/3 处为支撑位置，将支撑与树干固定，支撑端部可以用地桩固定。其中一

根撑杆(绳)必须在主风向位上,其他两根可均匀分布。

(3)四角支撑:又名"井"字支撑。主干不明显的较大树木适用该方法。用4根长75 cm横担和4根长2.1～3.0 m的杉木桩进行绑扎支撑,每条支柱与地面都应呈75°,保持支撑底部4个点成正方形。

(4)扁担支撑:支撑绿地中的孤植树木时常用此法。一般支撑桩长2.3 m,打入土中1.2 m,桩位应在根系和土球范围外;水平桩离地1.0 m。

(5)行列式支撑:成排树木,可用绳索或淡竹相互连接,支撑高度宜在1.8 m左右,小苗可适当降低高度,以两端或中间适当的位置作支撑点。

胸径一般在5 cm以上的树木定植后应立支架固定,特别是在栽植季节有大风的地区,以防冠动根摇影响根系恢复生长,但要注意支架不能打在土球或骨干根上。可以用毛竹、木棍、钢管或混凝土作为支撑材料,常用的支撑形式有铁丝吊桩、短单桩、长单桩、三脚桩、四脚桩等。

2. 草绳绕树干

在植物的生长过程中,合理的采用草绳缠绕树干有利于植株的生长发育,一方面能让植株能够在严寒季节安全越冬,另一方面能避免植株里面的水分大量蒸发,影响植株的生长。对于刚移栽的灌木采用草绳缠绕树干,不仅能避免植株的徒长,还可以利于植株的生长发育,若是一些成品树种,用草绳缠绕树干不仅能在运输中让植株避免受伤,而且在栽培的时候还能预防病虫的危害,保证植株正常生长发育(图7-5)。

(a)已缠绕的树干 　　　　(b)缠绕树干

图7-5　草绳绕树干

7.4.2 定额计算说明

(1)树木栽植后,需要使用支撑的,按实际使用情况套用"树木支撑"子目。

(2)执行树(竹)棍桩项目,实际采用竹棍桩的,将树棍桩材料换算成竹棍桩,其余不变。

(3)本定额成品钢管支撑按定做一次性消耗考虑,如遇多次使用或回收残质,在成品单价中扣减。

(4)树木栽植前后,因季节、气候原因,树干需要缠绕草绳者,按实际套用"树木缠绕草绳"子目。

(5)本定额中搭设遮阴棚是以单层遮阴网考虑的,若搭设双层遮阴网,人工乘以系数1.5,遮阴网的定额耗量乘以系数2。

7.4.3 工程量计算规则

1. 定额工程量计算规则

(1)树干绕草绳以树胸径划分按绕缠高度以"m"计算。

(2)搭设遮阴(防寒)棚按遮阴(防寒)棚外围覆盖层的展开尺寸以"m^2"计算。

2. 清单工程量计算规则

树木支撑架、草绳绕树干工程(编码:050403)见表7-4。

表 7-4 树木支撑架、草绳绕树干工程(编码:050403)

项目编码	项目名称	项目特征	计量单位	工程量计算规则	工作内容
050403001	树木支撑架	1.支撑类型、材质 2.支撑材料规格 3.单株支撑材料数量	株	按设计图示数量计算	1.制作 2.运输 3.安装 4.维护
050403002	草绳绕树干	1.胸径(干径) 2.草绳所绕树干高度	株	按设计图示数量计算	1.搬运 2.绕杆 3.余料清理 4.养护期后清除

7.4.4 工程计量与计价案例与分析

【例 7-5】 分别列出树木支撑采用三角桩,四角桩清单综合单价,以及根据胸径大小,计算出草绳绕树杆的费用,苗木表见表7-5,单价措施项目清单与计价见表7-6。

表 7-5 苗木表

| 序号 | 植物名称 | 规格/cm | | | 单位 | 数量 | 备注 |
		胸(地)径	冠幅	高度			
1	香樟	φ18	400	500	株	23	全冠,树形优美,带三级骨架,截杆断根3~4年,精品苗
2	银杏	φ28	380	650	株	35	全冠,树形优美,带三级骨架,9分精品苗
3	大银杏	φ35	450	950	株	26	全冠,树形优美,杆直,侧枝饱满粗壮,特选9分精品苗
4	榉树	φ15	350	650	株	32	全冠,树形优美,特选精品苗
5	垂柳	φ20	350	550	株	26	全冠,树形优美,蓬形佳
6	金桂A		480	600	株	15	全冠,树形优美,蓬形佳
7	金桂B		260	330	株	13	全冠,树形优美,蓬形佳
8	紫薇	D8	180	250	株	29	品种"幺红",全冠不截枝,树形优美,实生苗,红花
9	金森女贞球		130	100	株	7	枝条密实,球型饱满,光球不脱节

表 7-6 单价措施项目清单与计价表

工程名称:规范清单计价/单项工程【栽植花木】　　标段:

序号	项目编码	项目名称	项目特征描述	计量单位	工程量	综合单价	合价/元	金额/元 定额人工费	其中 定额机械费	暂估价
1	050403001001	树木支撑架、草绳绕树干、搭设遮阴(防寒)棚工程								
2	050403001002	树木支撑架三角支撑	1.支撑类型、材质:三角杉木支撑,面刷墨绿色清漆 2.支撑材料规格:综合 3.支撑高度:综合 4.含其他附属材料按标人综合考虑,包含在投标报价中 5.满足设计及规范要求	株	23	34.48	793.04	66.93		
3	050403002001	树木支撑架四角支撑	1.支撑类型、材质:四角杉木支撑,单双层综合考虑,面刷墨绿色清漆 2.支撑材料规格:综合 3.支撑高度:综合 4.含其他附属材料按标人综合考虑,包含在投标报价中 5.满足设计及规范要求	株	26	46.20	1 201.20	108.68		
		草绳绕树干胸径≤5 cm	1.胸径(干径):胸径≤5 cm 2.草绳所绕树干高度:满足规范及设计要求	株	15	3.99	59.85	22.05		

(续表)

序号	项目编码	项目名称	项目特征描述	计量单位	工程量	综合单价	合价/元	金额/元 定额人工费	其中 定额机械费	暂估价
4	050403002002	草绳绕树干胸径≤10 cm	1. 胸径(干径):胸径≤10 cm 2. 草绳所绕树干高度:满足规范及设计要求	株	18	6.78	122.04	37.08		
5	050403002003	草绳绕树干胸径≤15 cm	1. 胸径(干径):胸径≤15 cm 2. 草绳所绕树干高度:满足规范及设计要求	株	22	9.93	218.46	64.02		
6	050403002004	草绳绕树干胸径≤20 cm	1. 胸径(干径):胸径≤20 cm 2. 草绳所绕树干高度:满足规范及设计要求	株	33	13.08	431.64	124.08		
7	050403002005	草绳绕树干胸径≤25 cm	1. 胸径(干径):胸径≤25 cm 2. 草绳所绕树干高度:满足规范及设计要求	株	35	15.65	547.75	146.30		
8	050403002006	草绳绕树干胸径≤30 cm	1. 胸径(干径):胸径≤30 cm 2. 草绳所绕树干高度:满足规范及设计要求	株	28	19.94	558.32	164.64		
9	050403002007	草绳绕树干胸径>30 cm	1. 胸径(干径):胸径>30 cm 2. 草绳所绕树干高度:满足规范及设计要求	株	25	19.94	498.50	147.00		
		合 计					4 430.80	880.78		

7.5 围堰、排水工程

7.5.1 围堰、排水工程概述

围堰是在水中施工时,围绕基坑(槽)修建的临时性构筑物。通常使用能防渗及保持稳定的土、石、混凝土、木(竹)笼或钢(木)板桩等材料。围堰建成后,将其内的水抽干,使工程在干涸的情况下进行。围堰,用土堆筑成梯形截面的土堤,迎水面的边坡不宜陡于1:2(竖横比,下同),基坑侧边坡不宜陡于1:1.5,通常用砂质粘土填筑。土围堰仅适用于浅水、流速缓慢及围堰底为不透水土层处。为防止迎水面边坡受冲刷,常用片石、草皮或草袋填土围护。在产石地区还可做堆石围堰,但外坡用土层盖面,以防渗漏水。

园林植物的排水是防涝的主要措施。其目的是减少土壤中多余的水分以增加土壤中空气的含量,促进土壤空气与大气的交流,提高土壤温度,激发好气性微生物的活动,加快有机物质的分解,改善植物的营养状况,使土壤的理化性质得到改善。园林植物的排水是一项专业性基础工程,在园林规划和土建施工时应统筹安排,建好畅通的排水系统。

7.5.2 定额计算说明

围堰、排水工程未编制项目按《四川省建设工程工程量清单计价定额——市政工程》相关项目执行。

(1)围堰工程未包括施工期发生潮汛冲刷后所需的养护工料,发生时另行处理。

(2)围堰工程如超过50 m范围以外的土石方运输时,按本定额"土石方工程"相应增运距项目执行。

(3)如使用麻袋、草袋装土围堰时,执行编织袋围堰定额,但需按麻袋、草袋的规格换算每100 m³ 用量后,调整总的材料价差,人工费、机械费及其他材料消耗仍按定额执行。

(4)深度≥3 m时的竹笼围堰,需要打桩固定竹笼时,打桩固定费用另计。

(5)钢桩、钢板桩围堰钢材用量可根据设计图示尺寸进行调整,其人工、机械费不变。

(6)钢桩、钢板桩围堰定额未含驳船使用费,实际发生时按实计算。

7.5.3 工程量计算规则

1.定额工程量计算规则

(1)以体积计算的围堰,工程量按围堰的施工断面乘以围堰中心线长度,以"m³"计算。

(2)以长度计算的围堰,工程量按围堰中心线长度,以"延长米"计算。

(3)围堰高度按施工期内最高临水面加0.5 m计算。

(4)打木桩钎以"组"计算,每5根木桩钎为一组。

2. 清单工程量计算规则

围堰、排水工程（编码：050404）见表7-7。

表7-7　　　　　　　　　　围堰、排水工程（编码：050404）

项目编码	项目名称	项目特征	计量单位	工程量计算规则	工作内容
050404001	围堰	1.围堰断面尺寸 2.围堰长度 3.围堰材料及灌装袋材料品种、规格	1. m³ 2. m	1.以 m³ 计量，按围堰断面面积乘以堤顶中心线长度以体积计算 2.以 m 计量，按围堰堤顶中心线长度以延长米计算	1.取土、装土 2.堆筑围堰 3.拆除、清理围堰 4.材料运输
050404002	排水	1.种类及管径 2.数量 3.排水长度	1. m³ 2.天 3.台班	1.以 m³ 计量，按需要排水量以体积计算，围堰排水按堰内水面面积乘以平均水深计算 2.以天计量，按需要排水日历以天计算 3.以台班计量，按水泵排水工作台班计算	1.安装 2.使用、维护 3.拆除水泵 4.清理

7.5.4　工程计量与计价案例与分析

【例7-6】 如图7-6所示，计算围堰工程量，采用编织袋装土砌筑和黏土堆砌围堰。（单位：m）

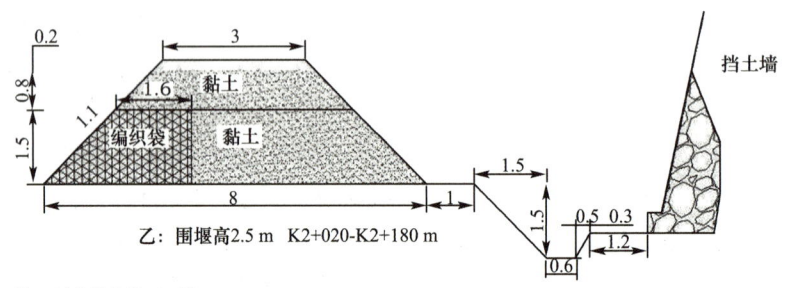

图7-6　围堰施工图

解： 编织袋围堰工程量：$(1.6+3.1) \times 1.5 \div 2 \times 160 = 564$ m³

土石围堰工程量：$(8+3) \times 3.5 \div 2 \times 160 - 564 = 2\,516$ m³

围堰清单工程量见表7-8。

表7-8　　　　　　　　　　围堰工程量

项目编码	名称	单位	工程量
050404001001	编织袋装土围堰	m³	564
050404001002	土石围堰	m³	2 516

7.6 安全文明施工及其他措施项目

7.6.1 安全文明施工及其他措施项目概述

1. 安全文明施工费

安全文明施工费全称是安全防护、文明施工措施费,是指按照国家现行的建筑施工安全、施工现场环境与卫生标准和有关规定,购置和更新施工防护用具及设施、改善安全生产条件和作业环境所需要的费用。安全文明施工内容包括如下:

(1)环境保护费:是指施工现场为达到环保部门要求所需要的各项费用。

(2)文明施工费:是指施工现场文明施工所需要的各项费用。

(3)安全施工费:是指施工现场安全施工所需要的各项费用。

(4)临时设施费:是指施工企业为进行建设工程施工所必须搭设的生活和生产用的临时建筑物、构筑物和其他临时设施费用。包括临时设施的搭设、维修、拆除、清理费或摊销费等。

(5)建筑工人实名制管理费用:实名制管理所需费用可列入安全文明施工费和管理费。建设单位应按照工程进度,将建筑工人工资按时足额付至建筑企业在银行开设的工资专用账户。各级住建部门可将建筑工人实名制管理列入标准化工地考核内容。严禁各级住建部门、人社部门借推行建筑工人实名制管理的名义,指定建筑企业采购相关产品;不得巧立名目乱收费,增加企业额外负担。

2. 其他措施项目费施工

(1)夜间施工增加费:是指因夜间施工所发生的夜班补助费、夜间施工降效、夜间施工照明设备摊销及照明用电等费用。

(2)二次搬运费:是指因施工场地条件限制而发生的材料、结构配件、半成品等一次运输不能到达堆放地点,必须进行二次或多次搬运所发生的费用。

(3)冬雨季施工增加费:是指在冬季或雨季施工需增加的临时设施,防滑、排除雨雪,人工及施工机械效率降低等费用。

(4)已完工程及设备保护费:是指竣工验收前,对已完成工程及设备采取的必要保护措施所发生的费用。

(5)工程定位复测费:是指工程施工过程中进行全部施工测量放线和复测工作的费用。

7.6.2 其他说明

(1)除各专业工程措施项目外,安全文明施工费具体内容详见 2020 年《四川省建设工程工程量清单计价定额——构筑物工程、爆破工程、建筑安装工程费用、附录》。

(2)措施项目费用中的安全文明施工费应按规定标准计价,不得作为竞争性费用。

(3)安全文明施工及其他措施项目按 2020 年《四川省建设工程工程量清单计价定额——建筑安装工程费用》有关规定计算。

安全文明施工及其他措施项目工程量清单项目设置、计量单位、工作内容及包含范围应按表 7-9 的规定执行。

表 7-9　　　　　　　　安全文明施工及其他措施项目(编码:050405)

项目编码	项目名称	工作内容及包含范围
050.405001	安全文明施工	环境保护:现场施工机械设备降低噪声、防扰民措施;水泥、种植土和其他易飞扬细颗粒建筑材料密闭存放或采取覆盖措施等;工程防扬尘洒水;土石方、杂草、种植遗弃物及建渣外运车辆防护措施等;现场污染源的控制、生活垃圾清理外运、场地排水排污措施;其他环境保护措施 文明施工:"五牌一图";现场围挡的墙面美化(包括内外粉刷、刷白、标语等)、压顶装饰;现场厕所便槽刷白、贴面砖,水泥砂浆地面或地砖,建筑物内临时便溺设施;其他施工现场临时设施的装饰装修、美化措施;现场生活卫生设施;符合卫生要求的饮水设备、淋浴、消毒等设施;生活用洁净燃料;防煤气中毒、防蚊虫叮咬等措施;施工现场操作场地的硬化;现场绿化、治安综合治理;现场配备医药保健器材、物品和急救人员培训;用于现场工人的防暑降温、电风扇、空调等设备及用电;其他文明施工措施 安全施工:安全资料、特殊作业专项方案的编制,安全施工标志的购置及安全宣传;"三宝"(安全帽、安全带、安全网)、"四口"(楼梯口、管井口、通道口、预留洞口)、"五临边"(园桥围边、驳岸围边、跌水围边、槽坑围边、卸料平台两侧)、水平防护架、垂直防护架、外架封闭等防护;施工安全用电,包括配电箱三级配电、两级保护装置要求、外电防护措施;起重设备(含起重机、井架、门架)的安全防护措施(含警示标志)及卸料平台的临边防护、层间安全门、防护棚等设施;园林工地起重机械的检验检测;施工机具防护棚及其围栏的安全保护设施;施工安全防护通道;工人的安全防护用品、用具购置;消防设施与消防器材的配置;电气保护、安全照明设施;其他安全防护措施 临时设施:施工现场采用彩色、定型钢板,砖、混凝土砌块等围挡的安砌、维修、拆除;施工现场临时建筑物、构筑物的搭设、维修、拆除,如临时宿舍、办公室、食堂、厨房、厕所、诊疗所、临时文化福利用房、临时仓库、加工场、搅拌台、临时简易水塔、水池等;施工现场临时设施的搭设、维修、拆除,如临时供水管道、临时供电管线、小型临时设施等;施工现场规定范围内临时简易道路铺设,临时排水沟、排水设施安砌、维修、拆除;其他临时设施搭设、维修、拆除
050405002	夜间施工	1. 夜间固定照明灯具和临时可移动照明灯具的设置、拆除 2. 夜间施工时施工现场交通标志、安全标牌、警示灯等的设置、移动、拆除 3. 夜间照明设备及照明用电、施工人员夜班补助、夜间施工劳动效率降低等
050405003	非夜间施工照明	为保证工程施工正常进行,如假山石洞等特殊施工部位施工时所采用的照明设备的安拆、维护及照明用电等
050405004	二次搬运	由于施工场地条件限制而发生的材料、植物、成品、半成品等一次运输不能到达堆放地点,必须进行的二次或多次搬运
050405005	冬雨季施工	1. 冬雨(风)季施工时增加的临时设施(防寒保温、防雨、防风设施)的搭设、拆除 2. 冬雨(风)季施工时对植物、砌体、混凝土等采用的特殊加温、保温和养护措施 3. 冬雨(风)季施工时施工现场的防滑处理,对影响施工的雨雪的清除 4. 冬雨(风)季施工时增加的临时设施、施工人员的劳动保护用品、冬雨(风)季施工劳动效率降低等
050405006	反季节栽植影响措施	因反季节栽植在增加材料、人工、防护、养护、管理等方面采取的种植措施及保证成活率措施
050405007	地上、地下设施的临时保护设施	在工程施工过程中,对已建成的地上、地下设施和植物进行的遮盖、封闭、隔离等必要保护措施
050405008	已完工程及设备保护	对已完工程及设备采取的覆盖、包裹、封闭、隔离等必要的保护措施

注:本表所列项目应根据工程实际情况计算措施项目费用,需分摊的应合理计算摊销费用。

7.6.3 工程计量与计价案例与分析

【例 7-7】 某市政项目绿化工程根据招标要求,计算的总价措施项目费用见表 7-10。

表 7-10 总价措施项目清单与计价表

工程名称:×××工程\单项工程总价措施项目　　标段:

序号	项目编码	项目名称	计算基础	费率/%	金额/元	调整费率/%	调整后金额/元	备注
1	050405001001	安全文明施工费	定额(人工费+机械费)	项	4 342.10			
①		环境保护费	分部分项工程及单价措施项目(定额人工费+定额机械费)	1.1	324.92			
②		文明施工费	分部分项工程及单价措施项目(定额人工费+定额机械费)	2.7	797.53			
③		安全施工费	分部分项工程及单价措施项目(定额人工费+定额机械费)	4.2	1 240.60			
④		临时设施费	分部分项工程及单价措施项目(定额人工费+定额机械费)	6.7	1 979.05			
2	050405002001	夜间施工增加费		项	141.78			
①		夜间施工费	分部分项工程及单价措施项目(定额人工费+定额机械费)	0.48	141.78			
3	050405003001	非夜间施工照明		项				
4	050405004001	二次搬运费		项	67.94			

(续表)

序号	项目编码	项目名称	计算基础		费率/%	金额/元	调整费率/%	调整后金额/元	备注
			定额(人工费+机械费)	定额分项工程及单价措施项目(定额人工费+定额机械费)					
5	①	二次搬运费		分部分项工程及单价措施项目(定额人工费+定额机械费)	0.23	67.94			
	050405005001	冬雨季施工增加费			项	106.34			
	①	冬雨季施工		分部分项工程及单价措施项目(定额人工费+定额机械费)	0.36	106.34			
6	050405006001	反季节栽植影响措施			项				
7	050405007001	地上、地下设施的临时保护设施			项				
8	050405008001	已完工程及设备保护费			项				
9	050405009001	工程定位复测费			项	26.58			
	①	工程定位复测		分部分项工程及单价措施项目(定额人工费+定额机械费)	0.09	26.58			
合 计						4 684.74			

课后习题

一、填空题

1. 脚手架工程指_____。脚手架制作材料通常有_____等,有些工程也用脚手架当_____使用。
2. 女儿墙高度_____时,女儿墙内侧按_____计算,套用_____项目。
3. 外脚手架、里脚手架、整体提升架均按_____计算。
4. 模板按技术体系划分_____,_____,_____,_____,_____,_____,_____等。
5. 圈梁模板适用于_____。
6. 现浇混凝土及钢筋混凝土模板工程量,按混凝土与模板接触面的面积以_____计算。
7. 树干绕草绳以树胸径划分按绕缠高度以_____计算。
8. 围堰高度按施工期内最高临水面加_____计算。

二、名词解释

1. 措施项目费。
2. 工程定位复测费。
3. 建筑工人实名制管理费用。
4. 树木支撑。
5. 围堰。

三、简答题

1. 脚手架的分类有哪些?
2. 什么是模板工程?
3. 树木支撑有哪些方式?
4. 园林排水的目的是什么?
5. 什么是安全文明施工费?

第 8 章
综合案例分析

该项目为成都市某公园区的园林绿化工程,园林绿化总面积 1 200 m²,工程包括设计范围内绿化景观、道路铺装等,该项目局部绿化景观图如图 8-1 所示,设计单位根据该项目建设方案编制的"苗木数量表"见表 8-1;其中绿地喷灌管管道埋地敷设 0.8 m(土石方余方弃置暂不考虑),主线管为 DN65 的 PE 管,支线管采用 DN25 的 PE 管,DN65 闸阀 7个,DN25 球阀 12 个,DN65 水表 1 个。园路分为花岗岩路面和透水混凝土路面,公园内铺装为 600×300×50 厚芝麻灰花岗岩板(30 厚 1:3 干硬性水泥砂浆找平),底基层为 100 厚碎(砾)石,15 cm 厚 C20 混凝土垫层;透水混凝土路面采用 300 厚碎(砾)石垫层,面层为 30 厚 6 mm 粒径 C25 红色强固透水混凝土(骨料上色搅拌),基层为 150 厚 10 mm 粒径 C25 透水混凝土(30 厚砂滤层),园路采用 C25 混凝土平路沿石 600×100×200。

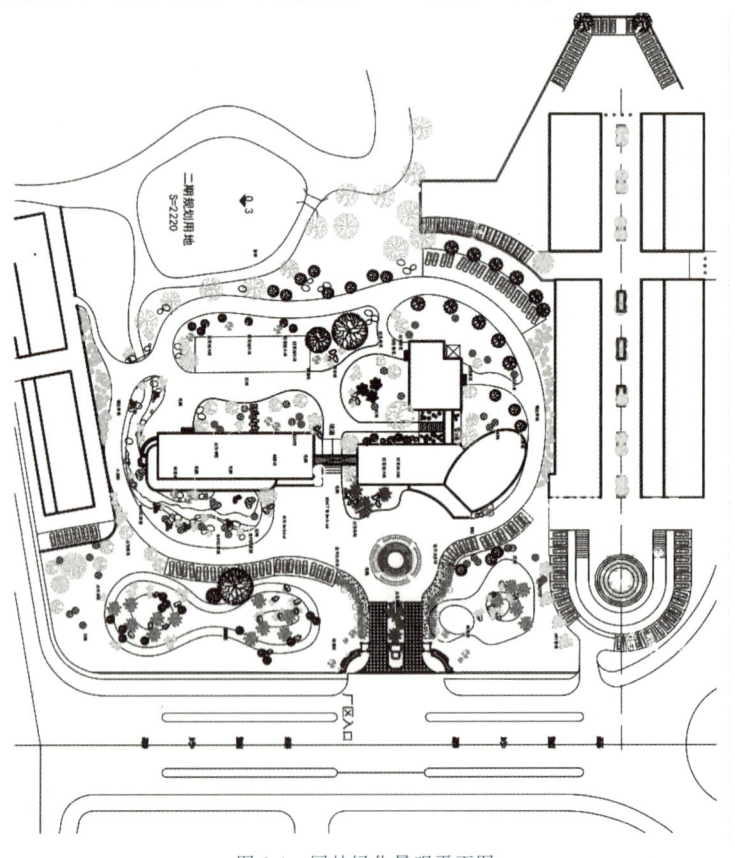

图 8-1 园林绿化景观平面图

园路园桥的分部分项工程量清单见表 8-2,根据图纸及工程量清单列出招标工程量清单。

表 8-1　　　　　　　　　　　　　　苗木数量

序号	名称	项目特征描述	单位	数量	备注
1	草坪	草皮种类:台湾二号,密铺	m^2	260	
2	银边黄杨	高度:45～50 cm,冠幅:25～30 cm,密度 49 株/m^2	m^2	59	
3	毛鹃	高度:30～35 cm,冠幅:25～30 cm,密度 49 株/m^2	m^2	72	
4	木春菊	高度:30～35 cm,冠幅:25～30 cm,密度 64 株/m^2	m^2	12	
5	金叶石菖蒲	高度:20～25 cm,冠幅:15～20 cm,密度 64 株/m^2	m^2	8	
6	金禾女贞球	金禾女贞球 B150(高度:150、冠幅:150)冠径 50 cm	株	3	
7	丛生桂花	丛生桂花 12 cm(高度:450～500 cm、冠幅:350～400 cm)	株	1	
8	结香球	结香球 B180 cm(高度:150 cm、冠幅:180 cm)冠径 60 cm	株	3	
9	红花继木球	红花继木球 B150(高度:120 cm、冠幅:150 cm)冠径 50 cm	株	1	
10	红梅	红梅 D18 cm(高度:350～400 cm、冠幅:350～400 cm)	株	1	
11	红叶李	红叶李 15 cm(高度:450～500 cm、冠幅:400～450 cm)	株	3	
12	银杏	银杏 25 cm(高度:1 000～1 100 cm、冠幅:450～500 cm)	株	26	
13	丛生乌桕	丛生乌桕 35 cm(高度:800～900 cm、冠幅:600～650 cm)	株	1	
14	小叶香樟	小叶香樟 30 cm(高度:900～1 100 cm、冠幅:450～500 cm)	株	10	

表 8-2　　　　　　　　　　　　　分部分项工程量清单

序号	名称	项目特征描述	单位	数量	备注
1	挖一般土方	1.土壤类别:综合 2.挖土深度:深 4 m 以内 3.弃土运距:投标人自行考虑	m^3	89	
2	回填方	1.填方材料品种:一般土壤 2.密实度:按规范要求	m^3	68	
3	路床碾压整形		m^2	210	
4	300 厚碎(砾)石基层	300 厚碎(砾)石	m^2	210	
5	透水混凝土路面	1.双丙聚氨酯密封处理 2.30 厚 6 mm 粒径 C25 红色强固透水混凝土(骨料上色搅拌) 3.150 厚 10 mm 粒径 C25 透水混凝土,30 厚砂滤层	m^2	210	
6	100 厚碎(砾)石底基层	100 厚碎(砾)石垫层	m^3	24	
7	C20 混凝土垫层	C20 混凝土垫层	m^3	36	
8	600×300×50 厚芝麻灰花岗岩	30 厚 1:3 干硬性水泥砂浆 600×300×50 厚芝麻灰花岗岩(烧洗面)	m^2	240	

(续表)

序号	名称	项目特征描述	单位	数量	备注
9	C25混凝土平路沿石 600×100×200	30厚1:2.5水泥砂浆粘结	m	280	
10	现浇混凝土垫层模板	复合模板	m²	42	
11	透水混凝土路面模板	复合模板	m²	50.4	

___成都市某公园绿化景观工程___ 工程

招标工程量清单

招　标　人：_____

　　　　　　　　　　（单位盖章）

造价咨询人：_____

　　　　　　　　　　（单位盖章）

封-1

___成都市某公园绿化景观工程___ 工程

招标工程量清单

招标人：_____

　　　　　　（单位盖章）

法定代表人
或其授权人：_____

　　　　　　　　（签字或盖章）

编制人：_____　　　复核人：_____

　　（造价人员签字盖专用章）　　　　　　　（造价工程师签字盖专用章）

编制时间：　　　　　　　　　　　　　复核时间：

扉-1

第8章 综合案例分析

总说明

工程名称：	成都市某公园绿化景观工程

1. 工程概况

   建设规模：本工程位于成都市某区，交通便利，园林绿化总面积 1 200 m²，工程包括设计范围内绿化景观、道路铺装等，计划工期 30 天；

   环境保护要求：满足当地政府及相关文件规定对安全文明施工的要求。

2. 工程招标和专业工程发包范围：

   成都市某公园园林绿化工程工程量清单及施工图纸所含全部工作内容。

3. 工程量清单编制依据：

   (1)相关技术规范及设计图纸、设计答疑文件等；

   (2)中华人民共和国国家标准《建设工程工程量清单计价规范》(GB 50500—2013)及配套文件；

   (3)2020 年《四川省建设工程工程量清单计价定额》(以下简称 2020 年《四川计价定额》)全套及相关定额解释、补充定额及配套文件等；

   (4)定额人工费调整依据川建价发〔2021〕39 号文件；

   (5)安全文明施工费按基本费率计取。

   (6)规费取费类别为Ⅰ档。

   (7)规费和税金按照 2020 年《四川省建设工程工程量清单计价定额——构筑物工程、爆破工程、建筑安装工程费用、附录》的费率标准及有关规定计取。

   (8)材料价格按《成都市工程造价信息》2022 年 12 期信息，信息价期刊上没有的材料价格采用建设市场材料价格。

4. 工程质量、材料、施工等的特殊要求：

   (1)工程质量必须达到国家现行验收合格标准。

   (2)材料品种、规格、质量必须符合设计及规范要求。

   (3)工程施工必须符合相应施工规范要求及达到验收合格标准。

5. 其他需要说明的问题

   (1)绿化工程考虑换土、施肥等；现场原有路面基础设施等拆除和清运，如现场发生按签证处理。

   (2)栽植花木工程计算中已计入一年养护期及措施费用

园林工程概预算

分部分项工程和单价措施项目清单与计价表

工程名称:成都市某公园绿化景观工程\单项工程\单位工程【园林绿化工程】　　标段:

序号	项目编码	项目名称	项目特征描述	计量单位	工程量	综合单价	合价/元	金额/元 其中 定额人工费	暂估价
			0501 绿化工程						
			050101 绿地整理						
1	050101010001	整理绿化用地	1. 土壤类别:综合 2. 土质要求:适合种植 3. 取土运距:由投标人自行考虑 4. 回填厚度:符合规范要求 5. 弃渣运距:由投标人自行考虑 6. 其他要求:符合规范要求	m²	1 200				
			分部小计						
			050102 栽植花木						
2	050102012004	草坪	1. 草皮种类:台湾二号,密铺 2. 铺种方式:满铺 3. 施肥杀菌,病虫害防治等满足设计及规范要求 4. 养护期:1年,满足设计及规范要求 5. 其他:满足设计及规范要求	m²	260				
3	050102002002	银边黄杨	1. 种类:银边黄杨 2. 株高或蓬径:高度:45～50cm,冠幅:25～30cm 3. 单位面积株数:密度 49 株/m² 4. 株型饱满,观赏性强,笼子货 5. 施肥杀菌,病虫害防治等满足设计及规范要求 6. 养护期:1年,满足设计及规范要求 7. 其他:满足设计及规范要求	m²	59				

(续表)

序号	项目编码	项目名称	项目特征描述	计量单位	工程量	综合单价	合价/元	金额/元 定额人工费	其中 暂估价
4	050102002003	毛鹃	1. 种类:毛鹃 2. 株高或蓬径:高度:30～35cm,冠幅:25～30cm 3. 单位面积株数:密度 49 株/m² 4. 株型饱满,观赏性强,笼子货 5. 施肥杀菌,病虫害防治等满足设计及规范要求 6. 养护期:1 年,满足设计及规范要求 7. 其他:满足设计及规范要求	m²	72				
5	050102002009	木春菊	1. 种类:木春菊 2. 株高或蓬径:高度:30～35cm,冠幅:25～30cm 3. 单位面积株数:密度 64 株/m² 4. 株型饱满,观赏性强,笼子货 5. 施肥杀菌,病虫害防治等满足设计及规范要求 6. 养护期:1 年,满足设计及规范要求 7. 其他:满足设计及规范要求	m²	12				
6	050102007011	金叶石菖蒲	1. 苗木,花卉种类:金叶石菖蒲 2. 株高或蓬径:20～25 cm,冠幅:15～20 cm 3. 单位面积株数:密度 64 株/m² 4. 株型饱满,观赏性强,盆苗 5. 施肥杀菌,病虫害防治等满足设计及规范要求 6. 养护期:1 年,满足设计及规范要求 7. 其他:满足设计及规范要求	m²	8				

(续表)

序号	项目编码	项目名称	项目特征描述	计量单位	工程量	综合单价	合价/元	金额/元 定额人工费	其中 暂估价
7	050102002014	金禾女贞球	1. 种类：金禾女贞球 B150（高度：150 cm，冠幅：150 cm）冠径 50 cm 2. 冠径:50 cm 3. 株高、冠径、高度:150 cm，冠幅:150 4. 树形要求：球形饱满，不露脚 5. 种物运距：综合考虑（包括场内、场外运输及其他相关费用） 6. 施肥杀菌、病虫害防治等满足设计及规范要求 7. 养护期:1年，满足设计及规范要求 8. 其他：满足种植穴、槽包含土方换填及设计规范要求 9. 综合单价包含但不限于选样、采购费、起挖、吊装、栽植树木、上下车费平整、挖坑、坑内种植土回（换）填、塑料膜、草绳、边坡种植（含钢支撑）支撑架，反用及运输费用、搭设遮阴防寒棚、树身涂白、补种、日常管理等完成此季节栽植，搭设遮阴防寒棚，树身涂白、补种、日常管理等完成此项工作的全部工作内容	株	10				
8	050102001018	丛生桂花	1. 种类：丛生桂花 12（高度：450～500 cm，冠幅:350～400 cm） 2. 胸径或干径:12 cm 3. 株高、冠径:450～500 cm，冠幅:350～400 4. 树形要求：地径≥20 cm 点景树，树形饱满优美，冠幅饱满（熟货） 5. 种物运距：综合考虑（包括场内、场外运输及其他相关费用） 6. 施肥杀菌、病虫害防治等满足设计及规范要求 7. 养护期:1年，满足设计及规范要求 8. 其他：满足种植穴、槽包含土方换填及设计规范要求 9. 综合单价包含但不限于选样、采购费、起挖、吊装、栽植场地的平整、挖坑、坑内种植土回（换）填、塑料膜、草绳、边坡种植（含钢支撑）支撑架，反用及运输费用、搭设遮阴防寒棚、树身涂白、补种、日常管理等完成此季节栽植，搭设遮阴防寒棚，树身涂白、补种、日常管理等完成此项工作的全部工作内容	株	18				

(续表)

序号	项目编码	项目名称	项目特征描述	计量单位	工程量	综合单价	合价/元	金额/元		
									其中	
								定额人工费		暂估价
9	050102002019	结香球	1. 种类：结香球 B180（高度：150 cm，冠幅：180 cm）冠径 60 cm 2. 冠径：60 cm 3. 株高、冠幅：高度：150 cm，冠幅：180 4. 树形要求：丛生状，树形优美，冠幅饱满 5. 养物运距：综合考虑（包括场内、场外运输及其他相关费用） 6. 施肥杀菌、病虫害防治等满足设计及规范要求 7. 养护期：1年，满足设计及规范要求 8. 其他：满足设计及规范要求 9. 综合单价包含但不限于选样、采购费、起挖、筑土围、吊装、栽植树木、上下车费用及运输费用，坑内种植（含钢支撑）支撑架，草绳、塑料膜、边坡种植（含钢支撑）支撑架，反季节栽植、搭设遮阴防寒棚、树身涂白，补种、日常管理等完成此项工作内容的全部工作内容	株	14					
10	050102002020	红花继木球	1. 种类：红花继木球 B150（高度：120 cm，冠幅：150 cm）冠径 50 cm 2. 冠径：50 cm 3. 株高、冠径：高度：120 cm，冠幅：150 cm 4. 树形要求：球形饱满、不露脚 5. 养物运距：综合考虑（包括场内、场外运输及其他相关费用） 6. 施肥杀菌、病虫害防治等满足设计及规范要求 7. 养护期：1年，满足设计及规范要求 8. 其他：满足设计及规范要求 9. 综合单价包含但不限于选样、采购费、起挖、筑土围、吊装、栽植树木、上下车费用及运输费用，坑内种植（含钢支撑）支撑架，草绳、塑料膜、边坡种植（含钢支撑）支撑架，反季节栽植、搭设遮阴防寒棚、树身涂白，补种、日常管理等完成此项工作内容的全部工作内容	株	20					

(续表)

序号	项目编码	项目名称	项目特征描述	计量单位	工程量	综合单价	合价/元	金额/元 其中 定额人工费	暂估价
11	050102001022	红梅	1. 种类：红梅 D18（高度：350～400 cm，冠幅：350～400 cm） 2. 胸径或干径：18 cm 3. 株高、冠幅：高度：350～400 cm，冠幅：350～400 cm 4. 树形要求：点景树，全冠，树形优美，冠幅饱满，低分枝（熟货） 5. 弃物运距：综合考虑（包括场内，场外运输及其他相关费用） 6. 施肥杀菌、病虫害防治等满足设计及规范要求 7. 养护期：1 年，满足设计及规范要求 8. 其他：满足设计及规范要求 9. 综合单价包含但不限于选择、采购费、起挖、吊装、栽植场地平整、挖坑、坑内种植土回（换）填、筑土圈、采购费、起挖、吊装、栽植场地平整、挖坑、坑内种植土回（换）填、筑土圈、采购费、上下车费用及运输费用、草绳、塑料膜、边坡种植、（含钢支撑）支撑架、反季节栽植、搭设遮阴防寒棚、树身涂白、补种、日常管理等完成此项工作的全部工作内容	株	27				
12	050102001023	红叶李	1. 种类：红叶李 15（高度：450～500 cm，冠幅：400～450 cm） 2. 胸径或干径：15 cm 3. 株高、冠幅：高度：450～500 cm，冠幅：400～450 cm 4. 树形要求：全冠，树形优美，枝条舒展，冠幅饱满（熟货） 5. 弃物运距：综合考虑（包括场内，场外运输及其他相关费用） 6. 施肥杀菌、病虫害防治等满足设计及规范要求 7. 养护期：1 年，满足设计及规范要求 8. 其他：满足设计及规范要求 9. 综合单价包含但不限于选择、采购费、起挖、吊装、栽植场地平整、挖坑、坑内种植土回（换）填、筑土圈、采购费、上下车费用及运输费用、草绳、塑料膜、边坡种植、（含钢支撑）支撑架、反季节栽植、搭设遮阴防寒棚、树身涂白、补种、日常管理等完成此项工作的全部工作内容	株	14				

(续表)

序号	项目编码	项目名称	项目特征描述	计量单位	工程量	综合单价	合价/元	金额/元		
									其中	
									定额人工费	暂估价
13	050102001024	银杏	1. 种类：银杏 25（高度：1000~1100 cm，冠幅：450~500 cm） 2. 胸径或干径：25 cm 3. 株高、冠幅、高度：1000~1100 cm，冠幅：450~500 cm 4. 树形要求：骨架树、全冠、树杆挺拔、树幅饱满（熟货） 5. 养护运距：综合考虑（包括场内、场外运输及其他相关费用） 6. 施肥杀菌、病虫害防治等满足设计及规范要求 7. 养护期：1 年，满足设计及规范要求 8. 其他：满足设计及规范要求 9. 综合单价包含但不限于选样、采购费、起苗、吊装、栽植场地的平整、挖坑、槽（换）填，塑料膜、边坡种植（含钢支撑、支撑架、反季节栽植、搭设遮阴防寒棚）、补种、日常管理等完成此项工作的全部工作内容	株	2					
14	050102001025	丛生乌桕	1. 种类：丛生乌桕 35（高度：800~900 cm，冠幅：600~650 cm） 2. 胸径或干径：35 cm 3. 株高、冠幅：800~900 cm，丛生 5 杆，每杆≥12 cm，全冠，树冠饱满，枝叶密集（熟货） 4. 树形要求：点景树、丛生 5 杆，每杆≥12 cm、全冠、树冠饱满、枝叶密集（熟货） 5. 养护运距：综合考虑（包括场内、场外运输及其他相关费用） 6. 施肥杀菌、病虫害防治等满足设计及规范要求 7. 养护期：1 年，满足设计及规范要求 8. 其他：满足设计及规范要求 9. 综合单价包含但不限于选样、采购费、起苗、吊装、栽植场地的平整、挖坑、槽（换）填，塑料膜、边坡种植（含钢支撑、支撑架、反季节栽植、搭设遮阴防寒棚）、补种、日常管理等完成此项工作的全部工作内容	株	6					

(续表)

序号	项目编码	项目名称	项目特征描述	计量单位	工程量	综合单价	合价/元	金额/元 定额人工费	其中 暂估价
15	050102001027	小叶香樟	1. 种类:小叶香樟 30(高度:900~1100 cm,冠幅:450~500 cm) 2. 胸径或干径:30 cm 3. 株高、冠径、高度:900~1100 cm,冠幅:450~500 cm 4. 树形要求:全冠、树形优美、点景树、冠幅饱满(熟货) 5. 弃物运输:综合考虑(包括场内、场外运输及其他相关费用) 6. 施肥杀菌、病虫害防治等满足设计及规范要求 7. 养护期:1年,满足设计及规范要求 8. 其他:满足设计及规范要求 9. 综合单价包含但不限于换填土方换填的土方、采购费、起挖、吊装、栽植场地的平整及挖坑、坑内种植土回(换)填、筑土围、塑料膜、草绳、边坡种植(含铜支撑)支撑架、反季节栽植、搭设遮阴寒棚、树身涂白、补种、日常管理等完成此项工作内容的全部工作内容	株	4				
			分项小计						
			分部小计						
			050103 绿地喷灌						
16	040101002006	挖沟槽土方	1. 土壤类别:综合 2. 挖土深度:深 2 m 以内	m³	48.48				
17	040103001007	人工回填方	1. 填方材料品种:一般土壤 2. 密实度:按规范要求	m³	48.48				

(续表)

序号	项目编码	项目名称	项目特征描述	计量单位	工程量	综合单价	合价/元	金额/元 其中 定额人工费	暂估价
18	040501004002	PE给水管DN65	1. 管道材料名称：PE塑料管给水管 2. 管材规格：DN65 mm 3. 接口形式：热熔连接 4. 敷设方式：埋地敷设 5. 其他：详见设计	m	67				
19	040501004004	PE给水管DN25	1. 管道材料名称：PE塑料管给水管 2. 管材规格：DN25 mm 3. 接口形式：热熔连接 4. 敷设方式：埋地敷设 5. 其他：详见设计	m	135				
20	040502005015	闸阀DN65	1. 公称直径：DN65 mm 2. 材质：铸铁 3. 连接方式：法兰连接	个	7				
21	040502005021	球阀DN25	1. 公称直径：DN25 mm 2. 材质：铜制	个	12				
22	040502009022	水表DN65	1. 规格：DN25 2. 材质：铸铁	个	1				
			分项小计						
			分部小计						
	0502 园路、园桥工程								
	050201 园路、园桥工程								

(续表)

序号	项目编码	项目名称	项目特征描述	计量单位	工程量	综合单价	合价/元	定额人工费	暂估价
								金额/元 其中	
23	040101001001	挖一般土方	1.土壤类别：综合 2.挖土深度：深4 m以内 3.弃土运距：投标人自行考虑	m^3	89				
24	040103001002	回填方	1.填方材料品种：一般土壤 2.密实度：按规范要求	m^3	68				
25	040202011122	路床碾压整形	路床碾压整形	m^2	210				
26	040202011124	300厚碎（砾）石基层	石料规格：300厚碎（砾）石	m^2	210				
27	040203007123	透水混凝土路面	1.双丙聚氨酯密封处理 2.30厚6 mm粒径C25红色强固透水混凝土（骨料上色搅拌） 3.150厚10 mm粒径C25透水混凝土 4.30厚砂滤层 5.伸缩缝详见设计	m^2	210				
28	010201017137	100厚碎（砾）石垫层	100厚碎（砾）石垫层	m^3	24				
29	010404001138	C20混凝土垫层	垫层材料种类、配合比、厚度：C20混凝土垫层	m^3	36				
30	011102001140	600×300×50厚芝麻灰花岗岩（烧洗面）	1.找平层厚度、砂浆配合比：30厚1:3干硬性水泥砂浆 2.面层材料品种、规格、颜色：600×300×50厚芝麻灰花岗岩（烧洗面）	m^2	240				
31	040204004125	C25混凝土平路沿石600×100×200	1.材料品种、规格：C25混凝土平路沿石600×100×200 2.基础、垫层：30厚1:2.5水泥砂浆粘结	m	280				

（续表）

序号	项目编码	项目名称	项目特征描述	计量单位	工程量	综合单价	合价/元	金额/元	
								其中	
								定额人工费	暂估价
			分项小计						
			分部小计						
			单价措施项目清单						
			模板工程						
32	050402001001	现浇混凝土垫层	厚度	m²	42				
33	050402002031	透水混凝土路面模板	厚度	m²	50.4				
			分项小计						
			分部小计						
			合　计						

单价措施项目清单与计价表

工程名称：成都市某公园绿化景观工程\单项工程\园林绿化工程】　标段：

序号	项目编码	项目名称	项目特征描述	计量单位	工程量	综合单价	合价/元	金额/元	
								其中	
								定额人工费	暂估价
			模板工程						
1	050402001001	现浇混凝土垫层	厚度	m²		42			
2	050402002031	透水混凝土路面模板	厚度	m²		50.4			
			分项小计						
			合　计						

总价措施项目清单计价表

工程名称：成都市某公园绿化景观工程\单项工程【园林绿化工程】　标段：

序号	项目编码	项目名称	计算基础	费率/%	金额/元	调整费率/%	调整后金额/元	备注
1	050405001001	安全文明施工费						
1.1	①	环境保护费	分部分项工程及单价措施项目（定额人工费＋定额机械费）	1.1				
1.2	②	文明施工费	分部分项工程及单价措施项目（定额人工费＋定额机械费）	2.7				
1.3	③	安全施工费	分部分项工程及单价措施项目（定额人工费＋定额机械费）	4.2				
1.4	④	临时设施费	分部分项工程及单价措施项目（定额人工费＋定额机械费）	6.7				
2	050405002001	夜间施工增加费						
3	050405003001	非夜间施工照明						
4	050405004001	二次搬运费						
5	050405005001	冬雨季施工增加费						
6	050405006001	反季节栽植影响措施						
7	050405007001	地上、地下设施的临时保护设施						
8	050405008001	已完工程及设备保护费						
9	050405009001	工程定位复测费						
合计								

其他项目清单与计价汇总表

工程名称：成都市某公园绿化景观工程\单项工程【园林绿化工程】　标段：

序号	项目名称	金额/元	结算金额/元	备注
1	暂列金额			
2	暂估价			
2.1	材料（工程设备）暂估价/结算价		—	
2.2	专业工程暂估价/结算价			
3	计日工			
4	总承包服务费			
	合　计		—	

暂列金额明细表

工程名称：成都市某公园绿化景观工程\单项工程【园林绿化工程】　标段：

序号	项目名称	计量单位	暂定金额/元	备注
1	暂列金额	项		
	合　计			—

材料（工程设备）暂估单价及调整表

工程名称：成都市某公园绿化景观工程\单项工程【园林绿化工程】　标段：

序号	材料（工程设备）名称、规格、型号	计量单位	数量		暂估/元		确认/元		差额±/元		备注
			暂估	确认	单价	合价	单价	合价	单价	合价	
	合　计										

专业工程暂估价及结算价表

工程名称：成都市某公园绿化景观工程\单项工程【园林绿化工程】　标段：

序号	项目名称	工程内容	暂估金额/元	结算金额/元	差额±/元	备注
					—	—
合计						

总承包服务费计价表

工程名称：成都市某公园绿化景观工程\单项工程【园林绿化工程】　标段：

序号	项目名称	项目价值	服务内容	计算基础	费率/%	金额/元
				—	—	—
合计						

计日工表

工程名称：成都市某公园绿化景观工程\单项工程【园林绿化工程】　　标段：

编号	项目名称	单位	暂定数量	实际数量	综合单价/元	合价/元	
						暂定	实际
一	人工						
1	房屋建筑、仿古建筑、市政、园林绿化、抹灰工程、构筑物、爆破、城市轨道交通、既有及小区改造房屋建筑、城市地下综合管廊、绿色建筑、装配式房屋建筑、城市道路桥梁养护维修、排水管网非开挖修复工程普工	工日					
2	装饰（抹灰工程除外）、通用安装工程普工	工日					
3	房屋建筑、仿古建筑、市政、园林绿化、抹灰工程、构筑物、爆破、城市轨道交通、既有及小区改造房屋建筑、城市地下综合管廊、绿色建筑、装配式房屋建筑、城市道路桥梁养护维修、排水管网非开挖修复工程技工	工日					
4	装饰（抹灰工程除外）、通用安装工程技工	工日					
5	高级技工	工日					
	人工小计						
二	材料						
	材料小计						
三	施工机械						
	施工机械小计						
	总　计						

规费、税金项目计价表

工程名称：成都市某公园绿化景观工程\单项工程【园林绿化工程】　　　　标段：

序号	项目名称	计算基础	计算基数	计算费率/%	金额/元
1	规费	分部分项额定人工费＋单价措施项目定额人工费			
2	销项增值税额	分部分项工程费＋措施项目费＋其他项目费＋规费＋按实计算费用＋创优质工程奖补偿费－按规定不计税甲供材料（设备）费			
3	附加税	分部分项工程费＋措施项目费＋其他项目费＋规费＋按实计算费用＋创优质工程奖励补偿费－除税金额－按规定不计税甲供材料（设备）费			
	合计				